纺织服装高等教育"十四五"部委级规划教材

第三版

服装工艺基础

配视频教程

鲍卫君 编著

东华大学出版社·上海

内容提要

本书共六章，前五章分别介绍了服装工艺基础、口袋缝制工艺、领子缝制工艺、袖开衩和袖口及袖子缝制工艺、服装开口缝制工艺等内容，第六章为腰裙的缝制工艺视频。本书内容充实，图文并茂，尤其结合部分相关内容制作的短视频以及两款腰裙缝制的全过程视频，学习者可随时通过手机扫二维码观看学习，能使学习效率剧增，并使学习变得轻松，从而获得最优的学习效果。

本书既可作为高校或中职服装类专业的教学用书，也适合作为服装企业、服装培训机构的教材，也是服装爱好者学习服装缝制的首选自学教材。

图书在版编目（CIP）数据

服装工艺基础/鲍卫君编著.—3版—上海：
东华大学出版社，2023.8
ISBN 978-7-5669-2248-9

Ⅰ.①服⋯ Ⅱ.①鲍⋯ Ⅲ.①服装工艺 Ⅳ.
①TS941.6

中国国家版本馆CIP数据核字（2023）第143325号

责任编辑　杜亚玲

装帧设计　比克设计

服装工艺基础（第三版）

鲍卫君编著

东华大学出版社出版

上海市延安西路1882号

邮政编码：200051　电话：（021）62193056

上海盛通时代印刷有限公司印刷

开本：787×1092　1/16　印张：16.75　字数：418千字

2023年8月第3版　2023年8月第1次印刷

ISBN 978-7-5669-2248-9

定价：49.00元

前　言

服装专业是一门应用性极强的学科，要求学生具备一定的实际操作能力，而服装工艺基础课程是训练学生动手能力的一门最基础的实操课程，是服装艺术设计、服装设计与工程、产品设计（染织艺术设计）以及与服装相关的其他专业必不可少的专业基础课程。

本教材自2011年2月出版发行后，受到了读者的广泛认可。由于教学的需要，本书部分内容修改后的第二版于2016年9月出版。随着科技的进步，互联网应用的普及，本教材第三版在内容和形式上作了一些调整，针对教材的部分经典内容，拍摄了相应的短视频，生成对应的二维码，将二维码植入教材相应的章节中，通过手机扫码，读者可对照教材内容和视频进行实操练习。本书视频实例详实全面、直观生动，可大大增强读者的学习信心，从而掌握实际的操作技能，获得最优的学习效果。

服装缝制工艺的学习是一个不断精进熟练的过程。在学习过程中不能只关注单一动作的模仿操作，一定要多个动作上下连贯的理解学习，要做到融会贯通。在加强实操练习的同时，要理解每一动作的操作原理，学会思考，达到熟能生巧、活学活用，才能掌握服装缝制的技巧，快速上手。

本教材自第一版编写至第二版直至第三版的修改，得到了浙江理工大学尹艳梅、贾凤霞、胡海明、徐麟健、支阿玲、潘小丹、董丽等老师的鼎力支持，尤其是支阿玲老师花了大量时间、不厌其烦地对全书电脑制作工艺图进行修改，不胜感激；同时得到了吕丰老师对短视频拍摄的帮助，在此一并表示感谢。

由于作者水平有限，书中难免有错漏之处，恳请同行、专家和广大读者批评指正。

浙江理工大学

鲍卫君

2023年5月

CONTENTS
目 录

第一章　服装工艺基础　　1

第一节　服装缝制常用工具和材料（含视频）　2

第二节　常用手缝工艺（含视频）　18

第三节　高速平缝机的构造和使用（含视频）　42

第四节　车缝基础和常用缝型（含视频）　49

第五节　熨烫工艺基础（含视频）　57

第六节　常用车缝装饰工艺　64

第二章　口袋缝制工艺　　79

第一节　贴袋缝制工艺　80

第二节　挖袋缝制工艺　91

第三节　插袋缝制工艺　119

第四节　口袋缝制视频　130

第三章　领子缝制工艺　　133

第一节　无领片领型缝制工艺　134

第二节　关门领领型缝制工艺　155

第三节　敞开式领型缝制工艺　169

第四节　其他领型缝制工艺　186

第四章　袖开衩、袖口及袖子缝制工艺　　　**195**

第一节　袖开衩缝制工艺　　196

第二节　袖克夫和袖口翻边缝制工艺　　202

第三节　装袖类袖子缝制工艺　　210

第五章　服装开口缝制工艺　　　**217**

第一节　上衣前门襟半开口缝制工艺　　218

第二节　上衣前门襟全开口缝制工艺　　227

第三节　暗门襟开口缝制工艺　　233

第四节　拉链开口缝制工艺　　240

第六章　腰裙缝制视频　　　**255**

第一节　直腰A字裙缝制视频　　256

第二节　低腰短裙缝制视频　　259

第 一 章

服装工艺基础

第一节　服装缝制常用工具和材料

服装在缝制过程中,会用到很多工具和材料,以下就常用的工具和材料作一介绍。

一、服装缝制常用工具

1. 尺子（视频1-1-1）

服装制作常用的尺子主要有放码尺、普通直尺、卷尺这三大类,其材质主要是塑料和钢,各类尺子的用途各有差异。

视频　1-1-1

① 放码尺:常用于服装样板的放缝、直线的绘制和测量,其材质为塑料,长度有60cm、50cm、45cm等不同规格。

② 普通长尺:常用于服装面料上直线的绘制和测量,其材质有塑料和钢,有长直尺和短直尺之分,长直尺的长度有60cm、50cm、40cm等不同规格,短直尺有30cm、20cm、15cm等不同规格。

③ 卷尺:服装用的卷尺通常是塑料材质,主要用于人体各部位尺寸的测量和服装成衣各部位尺寸的测量。

注意点:塑料材质的尺子在使用时要远离高温熨斗,与加热后的熨斗接触会使塑料尺子变形,造成尺寸的误差而无法使用。

2. 剪刀（视频1-1-2）

服装制作常用的剪刀主要有三大类:

① 裁剪面料专用剪刀:常用的有11吋、10吋,9吋的剪刀不适合裁剪面料,可用于剪样板。

视频　1-1-2

② 剪样板剪刀:可用一般的普通剪刀,也可用裁剪面料专用剪刀,但要注意两者不可混用,因为剪刀剪过纸板后,其刀刃受到磨损,不再适合裁剪面料。

③ 线剪:也叫纱剪,用于服装缝制过程中剪线,或在成品检查时用于剪去衣片上留下的线头。

3. 划样工具（视频1-1-3）

服装制作过程中使用的划样工具主要有划粉和服装专用高温消失笔,其主要作用是在面料上划样或将样板复制到布料上。

视频　1-1-3

① 划粉:因划粉材质的原因,划粉在面料上划线时,容易沾污面料,不容易清洁,通常是划在面料的反面,在面料正面划样要谨慎使用。

② 服装专用高温消失笔:高温消失笔的笔芯内部材料是油墨,通常有5种颜色,白色、黑色、红色、蓝色、银色,其特点是在面料上划线或作记号后,只要将加热的熨斗在面料上进行熨

烫,面料上的划线或记号就会自然消失,不会留下污渍,是目前使用较广的一种服装划样工具,可替代划粉。

4. 缝纫线（视频1-1-4）

视频 1-1-4

缝纫线主要有大线团、小线团和线球三大类,常用于服装制作过程中手工缝纫和车缝操作。

① 大线团:其形状呈现底部大、上口小的圆柱状,方便缝制时顺畅出线,常用于工业用高速平缝机的车缝操作和手工缝纫中。

② 小线团:其形状为小圆柱状,可用于手工缝纫,不适合工业用高速平缝机的车缝操作。

③ 线球:形状为圆团状,一般线是纯棉材质,较普通缝纫线要粗,线的捻度较小,常在高档服装缝制时,用来打线丁。

5. 镊子和锥子（视频1-1-5）

视频 1-1-5

镊子和锥子均为缝纫辅助工具,用于缝制过程中翻领子、衣摆等尖角或方角等部位,使服装成品达到设计的角度要求。

镊子还可以用于夹线、拆线、辅助穿三线包缝机的缝线,形状有直头和弯头之分。

锥子也可以用于拆线,其把柄形状有多种,把柄材质有木头和塑料等。

6. 针和针插（视频1-1-6）

视频 1-1-6

服装缝制过程中的针主要有手缝针、缝纫机针、大头针（珠针）。

① 手缝针:在手工缝纫时使用。手缝针有粗细、长短之分,薄料用细针,厚料用粗针。

② 缝纫机针:有高速平缝机的机针和家用缝纫机的机针,两者的结构是不同的,选用时要加以区别。高速平缝机的机针是DB×1系列,有各种粗细不同的针号,根据面料的不同加以选择,针号越小,针越细,针号越大,针越粗;针号的表示方法及可应用布料见表1-1-1。常用的工业高速平缝机针是65/9（用于轻薄面料）、75/11（用于中等厚度面料）和90/14（用于中厚型面料）。

表1-1-1　高速平缝机针号表示方法

欧制号	55	60	65	70	75	80	85	90	100	110	120	125	130
亚制号	7	8	9	10	11	12	13	14	16	18	19	20	21
可应用布料	轻薄面料			中等厚度面料			中厚型面料		厚型面料	加厚型面料			

③ 大头针（珠针）:用于在服装缝制时临时固定两层及以上的布料,以防上、下层布料错位。

④ 针插:用于插手缝针和大头针（珠针）,其内部填充物是比较蓬松的腈纶棉、珍珠棉、太

空棉等,针插有各种形状,圆形针插可在底部缝上松紧带后套在手腕上,在立体裁剪时方便拿取大头针。

7. 螺丝刀（视频1-1-7）

螺丝刀有一字型和十字型之分,型号有大小差异,服装缝制时根据需要选用。

大号一字螺丝刀用于拧松或拧紧缝纫机上的螺丝,方便拆装缝纫机零件,使缝纫机得到保修。

视频　1-1-7

中号一字螺丝刀用于拧松或拧紧缝纫机上机针的螺丝,方便卸装缝纫机的机针和压脚。

小号一字螺丝刀用于拧松或拧紧梭壳上的螺丝,调节梭壳的张力,从而使缝纫线迹更加完美。

二、服装制作常用缝纫配件

1. 梭芯和梭壳（视频1-1-8）

梭芯和梭壳是缝纫机上的配件,工业高速平缝机和家用缝纫机的梭芯和梭壳结构是不同的,在选用时务必注意。

梭芯用来绕底线,梭壳用来装梭芯,梭芯装入梭壳后才能使用。

视频　1-1-8

2. 压脚（视频1-1-9）

压脚是缝纫机上的配件,因用途不同,品种繁多,以下介绍常用的几款专用压脚。

（1）普通平压脚

缝纫机上的配件,购置平缝机时自带,普通平压脚常用于缝制普通服装面料。

视频　1-1-9

（2）塑料平压脚

常用于缝制各种皮革、塑料等比较光滑的服装材料。

（3）隐形拉链专业压脚

用于服装上隐形拉链的缝纫,由于压脚上带有特殊的槽孔来导入隐形拉链牙齿,使缝制完成的隐形拉链密合而不露齿边码带,带来完美的缝合效果。隐形拉链压脚有各种形状,其缝制体验有所差异。

① 普通隐形拉链压脚:压脚前部平齐,双槽设计。

② 带分开嘴的隐形拉链压脚:压脚前部带分开嘴,双槽设计,缝制体验优于普通隐形拉链压脚,较适合缝纫初学者使用。

③ 单边短槽孔隐形拉链压脚:缝纫隐形拉链更便捷,缝制体验优于前两款压脚,较适合缝纫初学者使用。

④ 单边压脚:相比普通平压脚,它只有半边压脚,有左单边压脚和右单边压脚,可根据需

要来选用。单边压脚常用于缝纫普通拉链和滚边滚条,也可用于隐形拉链的缝纫。

⑤ 高低压脚:高低压脚的左右边呈现高低不平,用于缝制中厚型面料的门襟止口、领子止口等高低不平的服装部位。根据服装各部位止口方向的不同,压脚分为左高右低、左低右高;根据缝制面料的不同,高低压脚的底部又有不锈钢底、塑料底、牛津底之分,使不同的面料、不同部位的缝制质量得到保证。

三、服装缝制熨烫工具

1. 蒸汽熨斗（视频1-1-10）

用于服装缝制过程的熨烫和成衣的整烫。主要有吊瓶熨斗和家用普通蒸汽熨斗。蒸汽熨斗装有调温器,旋转刻度盘旋钮,能将熨斗调到所需温度。

视频 1-1-10

2. 熨烫辅助工具（视频1-1-11）

熨烫辅助工具主要有布馒头和各种形状的烫凳。

① 布馒头:用于熨烫服装的凸出部位,如上衣胸部、背部、臀部等造型丰满的部位。

② 长烫凳:用于袖缝、裤子、裙子的侧缝等部位的熨烫。

③ 圆烫凳:主要用于肩缝、前后肩部、后领窝等不能平铺熨烫的部位。

视频 1-1-11

四、服装制作常用材料——面料

服装面料是制作服装的基础材料,不同的面料其外观和性能是不一样的,不同的服装对服装面料有不同的要求。服装面料品种繁多,以下简单介绍最常用的棉、毛、丝、麻、化纤等织物的主要特点和用途（视频1-1-12）。

视频 1-1-12

1. 棉织物的类别和总体特点

棉织物品类繁多,织物组织多样,外观效果各异,厚薄不一。

棉织物主要类别有:纯棉、棉混纺、棉交织及化纤仿棉等织物。

棉织物的特点、常用品种及用途如下:

棉 织 物	
特点	优点:柔软舒适、吸湿透气性好、经济实惠,风格朴实。 缺点:纯棉织物弹性较差、易皱,成衣后外观上不大挺括。
常用品种	平布、细纺布、府绸、巴里纱、泡泡纱、卡其、华达呢、贡缎、各类绒布、牛仔布、牛津布等
主要用途	四季童装、男女睡衣;衬衫、裙子（连衣裙）等夏季服装;上衣、裤子、风衣、外衣等春秋服装;各类工作服、制服等。

2. 麻织物的类别和总体特点

麻织物包括：纯麻、麻混纺、麻交织及化纤仿麻织物等。

麻织物的特点、常用品种及用途如下：

麻 织 物	
特点	优点：强度高、吸湿散湿快、手感挺爽、透气性好，有较好的防水、耐腐蚀性，不易霉烂、虫蛀 缺点：抗皱性和弹性差，不耐磨。
常用品种	夏布、爽丽纱、麻交布、涤/麻派力司、亚麻细布、亚麻内外衣服装布等。
主要用途	衬衣、裙子（连衣裙）、内衣等夏季服装以及外衣、套装等。

3. 丝织物的类别和总体特点

丝织物类别：纯桑蚕丝、化纤长丝及其交织织物。

丝织物的特点、常用品种及用途如下：

丝 织 物	
特点	优点：桑蚕丝织物光滑、柔软、细洁，光泽悦目，高雅华贵；柞蚕丝、绢丝织物色黄光暗，外观较为粗糙。双宫丝织物外观有不同程度的疙瘩效果。真丝织物的优点是吸湿透气性好、舒适美观。 缺点：抗皱性、耐光性差。
常用品种	洋纺、电力纺、塔夫绸、双绉、顺纡绉、乔其纱、乔其绒、双宫绸、素绉缎、织锦缎等。
主要用途	衬衣、裙子（连衣裙）、内衣等夏季服装，高档礼服、高档服装衬里等。

4. 毛织物的类别和总体特点

毛织物类别：精纺毛织物和粗纺毛织物；包含纯毛、毛混纺、毛交织及化纤仿毛织物等。

毛织物的特点、常用品种及用途如下：

毛 织 物	
特点	保暖性好，光泽柔和，富有弹性。纯毛织物吸湿性好，但易虫蛀，所制服装的定型性差。精纺毛织物表面纹路清晰、光洁。粗纺毛织物手感丰满、质地柔软，表面有绒毛覆盖。
常用品种	凡立丁、派力司、哔叽、华达呢、啥味呢、马裤呢、花呢、女衣呢、麦尔登、制服呢、学生呢、法兰绒、各类粗纺大衣呢等。
主要用途	夏季西裤、套装；春秋季西装、夹克、套装、裤子、外衣、风衣等；秋冬制服、外套、大衣、便装等。

5. 化纤织物的类别和总体特点

化纤织物是指用化学纤维制造的面料,化学纤维可根据原料来源的不同分为两大类：人造纤维和合成纤维。

化纤织物种类丰富,常用品类、特征及用途如下：

	化 纤 织 物				
	黏胶织物	涤纶织物	锦纶织物	腈纶织物	氨纶织物
主要品类	有人造棉织物、人造丝织物、黏胶混纺织物等。	有涤纶仿真丝、仿毛、仿麻、仿棉、仿麂皮等品类。	主要有纯纺（织）、混纺和交织织物三大类。	有腈纶纯纺和混纺两大类。	各类弹力不同的面料等。
总体特征	吸湿性、染色性好，手感柔软，色泽艳丽。普通黏胶织物的悬垂性很好，但刚度、回弹性、抗皱性、尺寸稳定性差，湿强低。	有较高的强度和弹性恢复能力，坚牢耐用，挺括抗皱，易洗、快干、保形性好。但吸湿、透气性差，易产生静电，抗熔性较差。	耐磨性、弹性优异，质轻，强度高，吸湿性较好，但在小外力下易变形，服装褶裥定型较难，穿着易起皱，耐热性、耐光性均较差。	耐光性很好，为户外服装的理想衣料。弹性、蓬松性可与天然羊毛媲美，挺括抗皱、保暖性、耐热性好，色泽艳丽，易保管，但吸湿性、耐磨性、多次拉伸变形后的弹性回复能力差。	通常以棉、毛、丝、麻及其混纺纱包覆氨纶丝织制而成。各类氨纶织物均具有15%~45%的弹性，其吸湿、透气性及外观风格均接近该织物其他原料的同类产品。
主要用途	夏季女衣裙、衬衣、童装；春秋季女衣裙、外套、夹克衫、童装；秋冬季外套、风衣、大衣；各类室外休闲服装、运动服装、服装里料等				

五、服装制作常用材料——辅料

服装辅料是除面料以外的其他服装材料及包装材料的总称，包括里料、衬料、填充料、扣紧材料、缝纫线、装饰材料等。辅料用来衬托服装，以达到设计要求，起着装饰、保暖、扣紧、衬垫等作用，以下简单介绍常用的服装辅料。

1. 黏合衬（视频1-1-13）

黏合衬即热熔黏合衬，它是将热熔胶涂于底布上制成的衬。使用时需在一定的温度、压力和时间条件下，使黏合衬与面料（或里料）黏合，达到服装挺括美观并富有弹性的效果。因黏合衬在使用过程中不需繁复的缝制加工，极适用于工业化生产，又符合了当今服装薄、挺的潮流需求，所以被广泛采用，成为现代服装生产的主要衬料。

视频 1-1-13

黏合衬根据基布、热熔胶品种、加工制作方法、性能、应用范围、黏合方法和效果等的不同，其品种多达上千种。

服装上常用的黏合衬主要有三大类：机织黏合衬、针织粘合衬、非织造黏合衬。

① 机织黏合衬：也叫有纺衬，其基布是机织面料。机织黏合衬的特点是保湿性能好，能防止面料伸长，与面料黏合性能好。

② 针织黏合衬：其基布是针织面料。针织黏合衬具有很好的弹性，与针织面料黏合后，能保持针织面料原有的特性。

③ 非织造黏合衬：又叫无纺衬，其基布是用一类纤维或混合纤维通过黏合而成的材料。

非织造黏合衬的特点是轻、不皱,透气性,保形性好,洗后不皱。

2. 黏合牵条（视频1-1-14）

视频 1-1-14

用于服装缝制过程中,某些部位的固定或归拢（如袖窿、领圈、前门襟、衣摆等）,使该部位缝制顺利或缝制后符合人体的立体形状。牵条品种丰富,有无纺黏合牵条、有纺黏合牵条（有直丝黏合牵条和斜丝黏合牵条之分）、双面黏合牵条、加线黏合牵条（有三线、五线等）、子母黏合牵条等,根据面料、缝制部位和要求的不同,加以选用。

3. 拉链（视频1-1-15）

视频 1-1-15

拉链是依靠连续排列的链牙,使服装衣片部位并合或分离的连接件,由拉链头、拉链齿、限位码（前码和后码）或锁紧件等组成,广泛应用于裙子、裤子、夹克衫、羽绒服、儿童睡袋等服装中。

拉链的分类:按链牙的材料分,有尼龙拉链、树脂拉链、金属拉链等。

① 尼龙拉链:有隐形拉链、双骨拉链、编织拉链、反穿拉链、防水拉链等。

② 树脂拉链:有金(银)齿拉链、透明拉链、半透明拉链、畜能发光拉链、蕾射拉链、钻石拉链等。

③ 金属拉链:有铝齿拉链、铜齿拉链（黄铜、白铜、古铜、红铜等）等。

4. 纽扣（视频1-1-16）

视频 1-1-16

套入纽孔或纽襻把衣服等扣合起来的附件。纽扣不仅能把衣服连接起来,使其严密保温,还可使人仪表整齐。别致的纽扣,还会对衣服起点缀作用。

纽扣的分类:按材料分有天然类纽扣、化工类纽扣和其他纽扣。

① 天然类:真贝扣、椰子扣、木头扣等。

② 化工类:有机扣、树脂扣、塑料扣、组合扣、喷漆扣、电镀扣等。

③ 其他:盘花扣、四合扣、金属扣、仿皮扣、激光字母扣、振字扣等。

5. 蕾丝（视频1-1-17）

视频 1-1-17

蕾丝是一种舶来品。网眼组织,最早由钩针手工编织。欧美等国家在女装特别是晚礼服和婚纱上用得很多。

蕾丝的制作是一个比较复杂的过程,它是按照一定的图案用丝线或纱线编结而成。现代服装上使用的"蕾丝"泛指的是各种花边,多数是机器生产的。蕾丝的材质有化纤、氨纶、棉质等,品种花色丰富,常用于童装、女士礼服、连衣裙、室内衣等服装上。

6. 垫肩（视频1-1-18）

视频 1-1-18

垫肩也叫肩垫,是垫在肩部的类似三角形衬垫,作用一是可以修饰肩部不足,二是可以塑出各种肩部造型。垫肩按材质分,有泡沫垫肩和化纤垫肩两种;垫肩按外形造型分,有平垫肩和龟形垫肩两种。泡沫肩垫也叫海绵垫肩,具有柔软、弹性好、使肩形美观的特点。化纤肩垫具有质地柔软的特点,但弹性稍差。泡沫（海绵）肩垫不能用高温熨烫,否则容易皱缩变形。

7. 松紧带（视频1-1-19）

松紧带常用于裤子和裙子的腰头、裤子的裤口、上衣的下摆和袖口等部位松紧度的调节,松紧带有各种宽度和厚度的品种,厚型松紧带用于厚面料的秋冬装,薄型松紧带用于薄面料的春夏装。

六、常用服装面辅料的整理

服装面辅料在织造过程中会出现收缩、拉伸、布丝歪斜等情况,所以在裁剪前需要对面辅料进行预整理。若面辅料不经整理直接进行成衣加工,洗涤后会影响服装的规格尺寸,同时也会改变服装的形状,直接影响产品的外观质量。所以,在裁剪前必须对服装的面辅料进行整理。

服装面辅料的整理包括预缩、校正布丝和烫平褶痕。

（一）面辅料的预缩

服装面辅料的预缩主要有四种:

1. 自然预缩

在裁剪前将织物抖散,在无堆压及张力的情况下,放置24h以上,使织物自然回缩,消除张力。另外,一些有张力的辅料,如松紧带、有弹性的花边等材料,在使用前必须抖松,放置24h左右,否则,短缩量会很大。

2. 水缩

缩水率较大的面辅料,在裁剪前,所用的材料必须给予充分的缩水处理。如纯棉、麻织物,可将织物直接用清水浸泡（浸泡时间根据材料的品种和缩水率的大小而定）,然后摊平晾干。若是上浆织物,要用搓洗、搅拌等方法,给予去浆处理,使水分充分进入纤维,有利于织物的缩水。毛织物的缩水有两种方法:一是喷水烫干;二是用湿布覆盖在上面熨烫至微干,熨烫温度在180℃左右。一般收缩率较大的辅料,如纱带、彩带、嵌线、花边,也需进行缩水处理。

3. 热缩

这是一种干热预缩法,有两种方式:

① 直接加热法。即用电熨斗、呢绒整理机等对织物直接加热。

② 利用加热空气和辐射热进行加热,可利用烘房、烘筒、烘箱的热风或应用红外线的辐射热进行热缩。

4. 湿热缩

这是一种利用蒸汽,使织物在蒸汽给湿和给热的作用下,恢复纱线的平衡弯曲状态,达到回缩的目的。一般服装厂可采用在烘房内通过蒸汽压力,让织物在受湿热的作用下自然回缩,时间视材料不同而定,然后经过晾干或烘干方法进行干燥处理。而小批量或单件的服装材料也可利用大烫蒸汽或蒸汽熨斗蒸汽进行预缩处理。

（二）布丝校正

1. 面料的丝缕和幅宽（图1-1-1）

（1）布边

面料宽度方向的两侧叫布边,有时会写上织物的名称及织造厂商,稍微有点硬,看上去颜色有点深。

（2）直丝

直丝也叫经纱,它是面料纵的方向,与布边平行。直丝有不易拉伸的特性（弹性面料除外）,由于有这个特性,裁剪时规定使用直丝记号作为基准,在制图或纸样中都要标上直丝的记号,在排料时,样板上的直丝记号都要与面料的直丝对准。

（3）横丝

横丝也叫纬纱,织布时的横纱,它与直丝垂直。与直丝相比,横丝比较有弹性（弹性面料除外）。

（4）斜丝

斜丝是斜料的总称,与直丝成45°角的斜丝叫正斜丝,斜丝具有容易拉伸的特性。

（5）布幅宽

两布边之间的水平距离叫布幅宽,也叫幅宽或门幅。

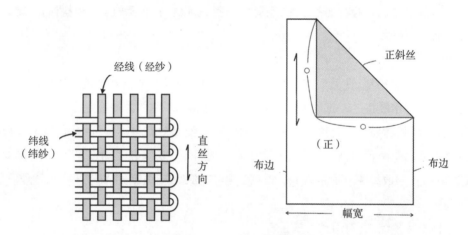

图1-1-1　面料的丝缕和幅宽

2. 布丝的校正方法

布丝校正也叫整纬,目的是将歪斜的布丝校正到经纬纱互相垂直。经纬纱若不互相垂直,则要对织物的布丝进行校正。以下介绍手工进行布丝校正的方法及步骤:

（1）布丝的确定方法

拔出一根纬线,沿纬线裁开,如可撕开的面料,就沿纬线方向撕开（图1-1-2）。

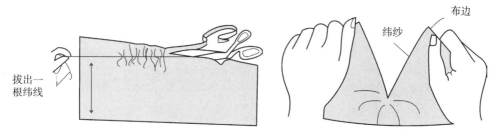

图1-1-2　布丝的确定

（2）布丝的校正步骤

检查面料的经纬纱是否互相垂直，若不垂直，则要进行校正。小面积面料的布丝校正方法如下：

先将面料进行预缩，然后将面料放平，用直角尺进行检查（图1-1-3）。

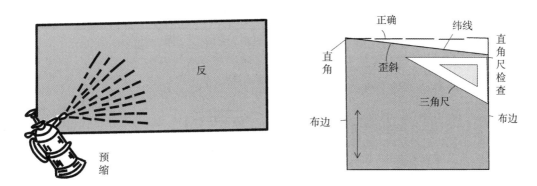

图1-1-3　布丝校正步骤1

用手拉住布料的对角线，将短的一端拉长，慢慢校正或再将织物喷湿，用熨斗在织物的反面，一边在纬斜的方向拉伸，一边反复用力喷蒸汽熨烫，直至拉到经纬向互相垂直为止（图1-1-4）。

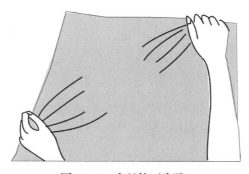

图1-1-4　布丝校正步骤2

若出现面料布边太紧，可在布边剪口，然后用熨斗在面料的反面将面料熨烫平整（图1-1-5）。

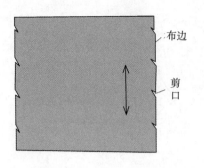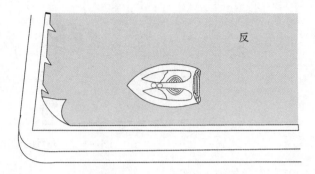

布边

剪口

反

图1-1-5 布丝校正步骤3

大面积织物的整纬，一般采用专业的整纬装置进行整理。

（3）常见面辅料小面积手工整理方法（表1-1-2）

表1-1-2 常见面辅料小面积手工整理方法

面料品种	要点	图示
纯棉、麻织物	① 用清水浸泡1h后捞起至半湿状，用熨斗烫平，同时整理布纹丝向。 ② 若是上浆织物，先要用搓洗、搅拌的方式去浆。 ③ 若已经防缩、防皱处理的，则只要用熨斗整纬即可。	清水浸泡1h　180~200℃　织物反面　稍带湿气
毛织物	① 均匀地喷一些水雾，稍带湿气。 ② 从反面用熨斗进行整纬熨烫。	180℃　织物反面
丝织物	① 需水缩的丝织物，浸水10min左右捞起晾至半干，边整纬边熨平。 ② 不需水缩的，则直接用熨斗在面料的反面进行整纬。 ③ 薄而下垂感强的丝织物，可用悬挂法整纬，将织物水平悬挂一夜，自然就可矫正布丝。	130~140℃
化纤织物	① 一般不需水缩，在织物反面垫上湿布边整纬边烫平。 ② 直接用蒸汽熨斗在织物的反面烫平。要特别注意熨斗的温度。	120~130℃　垫一层烫布　织物反面

面料品种	要　点	图　　示
表面有立体感的面料（珍珠毛呢等）	① 把面料正面相对折叠后，再用蒸汽熨斗边整理上下层的布纹，边轻轻熨烫。 ② 在两面喷水，让水均匀地渗入到织物的组织中，再用熨斗轻轻熨烫。	180℃左右 织物的反面 织物正面相对折 织物的反面
双面布料	① 垫布，用蒸汽熨斗烫平。 ② 在两面喷水，再垫布熨平。	180℃左右 垫一层烫布
长毛织物	将织物正面相对折，熨斗在反面顺着长毛方向不喷蒸汽，只烫去皱褶即可。	织物正面相对折
格子、条纹织物	将织物正面相对折，对齐上下层条纹，用长绗针假缝固定，再用熨斗整纬。	织物正面相对折 20cm左右绗缝一条线 对齐两片的格子或条纹，用手针假缝格子、条纹织物
有纺黏合衬	不需水缩，但需整纬。采用垫纸卷在木棒上的方法。	有纺黏合衬 纸张 连纸张一起卷起 用手拉直黏合衬，矫正纬斜

七、黏合衬的选择和使用

黏合衬是指在基布的一面涂上一层热塑性的黏合树脂，通过一定的温度与压力，就可以与其他织物黏合在一起，它的作用有以下几点：

① 控制和稳定服装关键部位的尺寸。

② 能增强某些面料的可缝性。

③ 使服装外观挺括、造型优美。

④ 耐干洗、湿洗,水洗后平整,不起皱、不变形。

（一）黏合衬的结构

黏合衬的构成包括三个方面:

① 基础材料:也叫基布。

② 热塑树脂:一种合成树脂,当受热时熔化,冷却后又回复到其原始的固有状态。

③ 涂层:一定数量的黏性涂层使树脂能够安全地附在基布上。

图1-1-6展示了黏合衬的基本结构,图1-1-7说明了当黏合衬与其他面料黏合在一起时,树脂是如何黏上去的。黏合后的材料称为黏合布。

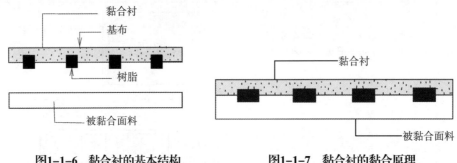

图1-1-6　黏合衬的基本结构　　　　图1-1-7　黏合衬的黏合原理

（二）黏合衬的选择

在选用黏合衬之前要考虑以下一些因素。

1. 面料

黏合衬与面料之间存在着相互匹配的问题,在使用之前应观察:

① 黏合过程是否会引起面料的变长或短缩、发亮或永久性的色变。查看面料是否经过硅处理,硅处理会使黏合效果失效。

② 有些面料是由连续的长丝织造而成,可能会对黏合产生一定的影响。在黏合前需进行小面积的实验加以确认。

③ 面料的结构是否很疏松,结构疏松会使面料的正面出现树脂的痕迹。

④ 面料上是否有凸起图案,在黏合后还应该检查面料的手感与悬垂性。

⑤ 黏合衬的颜色要与面料相同或相近。

2. 黏合衬的基布

同一件服装上的不同部位需要选用不同的黏合衬。非织造布的黏合衬比其他黏合衬要便宜,因此在一些小部位尽量考虑用它,如口袋、开衩、下摆和领里。在大的部位应使用梭织的黏合衬,如衣服的前片,另外还可将排料过程中剩下的黏合衬用于较小的部位。

3. 树脂

树脂性能关系到衣服是干洗、水洗或者既能干洗又能水洗。衣服的洗涤方式通常取决于服装面料的性能,而黏合树脂的选择要根据服装洗涤的方式来决定。

（三）黏合衬的使用

1. 黏合衬的整理方法

对于梭织和针织黏合衬,首先要确认基布有没有歪斜,如有歪斜,如图1-1-8斜方向拉伸校正至基布的经纬纱互相垂直。由于基布上有黏合树脂,不能用熨斗进行布丝的校正。若布边太紧,可打刀口;如有折皱,可喷一些水雾,再将它整理平整后待用。

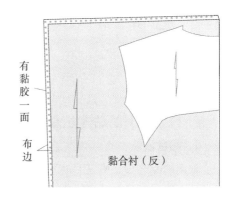

图1-1-8 黏合衬的整理

2. 黏合衬的裁剪方法

梭织或针织黏合衬的丝缕方向要与被黏合面料的丝缕方向一致。非织造布黏合衬一般要看其中纤维的排列方向,并要看裁片的功能。非织造布中的纤维有明确的方向性时,它的纹路与面料的纱线方向保持一致,效果会更好。裁剪时将黏有树脂的一面折向内侧,按黏衬样板进行排料裁剪（图1-1-9）。

3. 试黏

在正式黏合前,要进行试黏,同时观察以下几方面的情况:

① 查看黏合后,面料的硬度、弹性是否合适。

② 面料正面是否变色,黏衬是否有渗透到面料上。

③ 有黏衬的部位面料是否有缩紧或拉大。

④ 检查黏衬与面料是否能剥离开。

若没有出现以上情况,就可以正式黏合熨烫。

图1-1-9 黏合衬的裁剪

4. 手工烫黏衬的方法

① 将面料反面朝上放平整,再把有树脂一面的黏衬与面料相对放在指定位置（图1-1-10）。

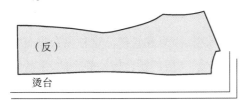 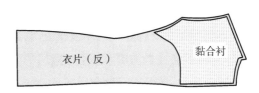

图1-1-10 手工熨烫黏衬步骤1

② 将烫垫布或纸垫放在黏衬上,用蒸汽熨斗进行熨烫。注意不要将熨斗左右滑移,要压烫。每处压烫10～15s,温度控制在140℃左右,应根据面料的不同进行调整（图1-1-11）。

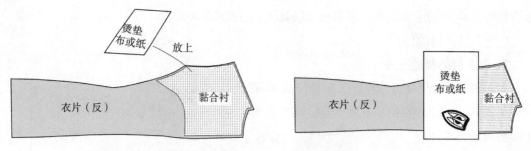

图1-1-11　手工熨烫黏衬步骤2

③ 熨烫时不能漏烫，每处都需使用相近的温度和压力（图1-1-12）。

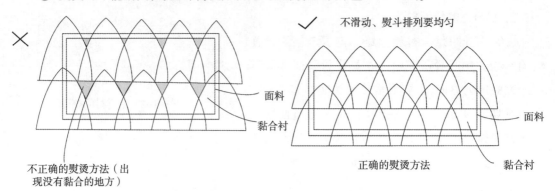

图1-1-12　手工熨烫黏衬步骤3

（四）黏合衬的黏烫方法

1. 黏合设备

常用的黏合设备有三种：蒸汽熨斗、平板黏合机、传送带黏合机。

（1）蒸汽熨斗

常规的蒸汽熨斗不是理想的黏合设备，用它来压烫黏合衬有许多不足：

① 对大多数黏合树脂来说，它达不到所需的黏合温度。

② 需黏合的衣片尺寸受熨斗底板外形和尺寸的影响。

③ 熨斗没有装有自动控制系统，全部过程需人工操作控制。

④ 如果树脂通过蒸汽热量就可以熔化，那么服装在生产中的熨烫过程也可以使它熔化。这样黏合衬的稳定性就有很大的问题。

（2）平板黏合机

平板黏合机是一种专门的黏合设备，它具有多种尺寸、型号和性能。这种黏合机有上下两层黏合板，可以通过电加热为单层或双层的黏合板加热。下层的黏合板是静止的，上层的黏合板在下降时加热，以便进行黏合，并经过冷却后再抬起。大部分平板黏合机装有时间和程序的自动控制装置，能达到高水平的黏合质量，适用批量生产的服装。

（3）传送带黏合机

传送带黏合机也称连续式黏合机，无论有没有要黏合的衣片它都可以连续地运转。这种设备可以调节传送带的速度、控制黏合的温度和压力，它适合于不同长度和宽度的被黏合材料，可以自动地输入和输出被黏合的材料。较先进的传送带黏合机装有微电脑,可以自动控制黏合的每一个过程,适用批量生产的服装。

2. 黏合四要素

无论采用何种黏合衬或黏合设备,黏合过程都是由四个要素控制,即温度、时间、压力和冷却。若要达到理想的黏合效果,必须对四个要素进行合理的组合。

（1） 温度

每一种黏合树脂都有它自己的有效温度范围。温度太高,容易使树脂渗透到面料的正面;而温度太低,树脂的黏性不足,难以黏到面料上。通常,树脂的熔化温度在130~160℃,最佳黏合温度在黏合衬生产厂家所规定的 ±7℃之间。

（2） 时间

黏合时间是指面料与黏合衬在加热区域受压力的时间,它由以下几个因素确定:

① 黏合衬中树脂熔化温度的高低;

② 黏合衬的厚薄;

③ 需要黏合面料的性质,如厚薄、疏密。

（3） 压力

当树脂熔化时,在面料与黏合衬之间需要施加一定的压力,目的是:

① 保证面料与黏合衬之间的全面接触;

② 以最佳的水平来传递热量;

③ 使熔化的树脂能以均匀的穿透力与面料的纤维相结合。

（4） 冷却

黏合后要进行强制冷却,这样黏合布在黏合后可以马上直接用手触摸。冷却的方法有多种,水冷、压缩空气循环冷却与真空冷却。将黏合布快速冷却到30~35℃时的生产效率比操作者等待黏合布自然冷却的生产效率要高。

总之,黏合过程是为服装制作打下良好的基础,只有连续、精确地控制这四个要素,才有可能得到理想的黏合效果。

第二节　常用手缝工艺

　　手缝工艺,是采用手缝针穿线后再穿刺衣片进行缝制的过程。

　　手针缝制是一项传统的工艺,它历史悠久,灵活方便。尽管现代服装加工设备层出不穷,但手针工艺以它特有的魅力,在高级成衣、女式时装、童装、舞台服装及服饰品的缝制中,仍被广泛应用。

　　手缝工艺常用材料见视频1-2-1。

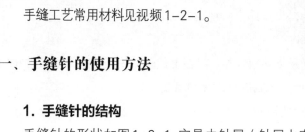

视频　1-2-1

一、手缝针的使用方法

1. 手缝针的结构

　　手缝针的形状如图1-2-1,它是由针尾（针尾上有针眼）、针杆和针尖三部分组成。

2. 手缝针针号与面料厚薄的关系

　　手缝针有粗细、长短之分,手缝针针号要根据缝料的厚薄来选用,手缝针的号数越小,针就越粗。表1-2-1是针号与面料厚薄的关系,供读者实际操作时选用。

针尾　**针眼**　**针杆**　**针尖**

图1-2-1　手缝针的结构

表1-2-1　手缝针针号与面料厚薄的关系

面　　料	轻薄面料	中型厚度面料	厚型面料
针　　号	9#、10#、11#、长7#、长9#	4#、5#、6#、7#、8#	1#、2#、3#

3. 穿线和打线结

　　（1）穿针引线（视频1-2-2）

　　左手的拇指和食指捏住针杆使针尾在上,右手拿线并将线头捋尖,把线头对准针眼穿过约1cm左右,随即将线拉出,见图1-2-2。

　　（2）拿针方法

视频　1-2-2　　视频　1-2-3

　　右手拇指和食指捏住针杆中段,用顶针抵住针尾,方便手缝针在缝料上运行,见图1-2-3。

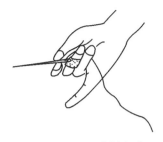

图1-2-2　穿线和打线结　　　　　　图1-2-3　拿针方法

（3）打线结（视频1-2-3）

手缝操作时，开始缝前通常要打起针线结，结束缝时要打止针线结。目的是使缝线固定。

打起针线结：右手捏针，左手捏线头，并将线在食指上饶一圈，顺势将线头转入线圈内，并拉紧线圈，再将多余的线头剪掉。

打止针线结：当缝到最后一针时，将线穿过缝料，左手把线捏住，在离止针2~3cm处右手将针套进缝针的线圈内，左手钩住线圈，右手将线拉紧成结，使线结正好扣紧在缝料上。如果线与布面不紧扣，缝线将松动，影响手缝的质量。

二、常用手缝针法

手缝针法种类较多，下面介绍几种常用手缝针法，从其运用范围，操作要点、工艺要求等方面分别加以阐述。

视频　1-2-4

1. 绗针

绗针是手针针法的基础，它要求手指配合协调、灵活，绗针分为短绗针、长绗针、长短绗针。

（1）短绗针（视频1-2-4、视频1-2-5）

视频　1-2-5

常用于手工缝纫、装饰点缀、归拢袖山弧线吃势、抽碎褶、圆角处抽缩缝份等，见图1-2-4（a），也用于假缝试穿。

操作方法：将手针连续运针五～六针后拔出，运针时只是作针尖运动。短绗针针距间隔0.15～0.2cm或0.3～0.5cm，见图1-2-4（b）。

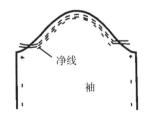
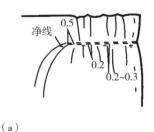
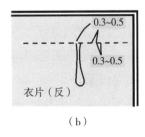

　　　　　　（a）　　　　　　　　　　　　　　　　　　（b）

图1-2-4　短绗针

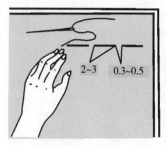

图1-2-5 长绗针

视频 1-2-6

（2）长绗针（视频1-2-6）

长绗针也称绷缝，用来临时固定两片或两片以上的衣片，为下道工序做准备。常用于覆衬、绷底边、贴边和绷腰里等。

操作方法：用左手压住缝物，右手拿针由上而下、自右向左运针。上层针距大，为2 ~ 3cm或3 ~ 5cm；下层针距小，为0.3 ~ 0.4cm或0.4 ~ 0.5cm，见图1-2-5。

2. 打线钉

用于各种高档毛料服装或不能采用划粉作标记的混纺面料、丝织品衣片，线钉在服装生产过程中的作用是定位，目的是把上层面料的粉印用线钉的方式反映到下层面料上，确保上下层衣片各部位结构准确，左右对称。

操作方法：针法同长绗针，上层针距要长些；下层针距要短些。将衣片正面相叠，上下对齐，在需打线钉的部位按画线位置绷缝，缝完后将上层的长线剪断，然后掀开衣片上层，使上下层间的线迹外露0.5cm左右，从中间将线剪断。最后在正面将线头修剪留0.2cm的绒毛即可，见图1-2-6。

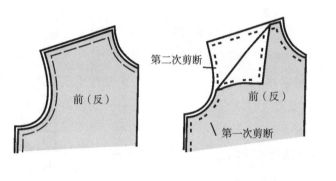

图1-2-6 打线钉

要点：

① 缝线宜采用捻度小的白色全棉双线，因其绒毛长，不宜滑脱，耐高温反复熨烫不褪色。

② 操作前铺平裁片，摆正丝缕，上下层对齐、对准。

③ 操作次序先纵后横；直线处针距可长一些；曲线部位针距可短一些。

④ 剪线钉时，要用剪刀的尖头去剪，线钉的绒头控制在0.2cm左右，太长会滑脱，太短易剪破衣片，且衣服做好后不易取下线钉。

⑤ 为防线钉滑脱，剪断缝线后轻轻拍打线钉，使缝线的绒毛散开。

3. 回针

回针也称倒勾针，有全回针和半回针之分。其作用一是加强牢度，二是使服装斜丝部位不拉伸、不还口，如领口、袖窿、裤裆等服装弧线部位的加固。

操作方法：

① 全回针 （视频1-2-7）运针总体方向是从右向左，其针法是一边将针回到原针眼位置，一边缝下去，针迹前后衔接，外观与缝纫机平缝线迹相似，见图1-2-7（a）。

② 半回针 （视频1-2-8）有直线形和斜形之分，斜形的半回针也叫扎针。运针总体方向是从右向左，其针法是一边将针回到原来针眼位置的二分之一处，一边缝下去，见图1-2-7（b）。直线形线迹多用于两块布的固定，使其不移位；斜形线迹常用于领口、袖窿、裤裆等服装弧线边缘部位的加固，见图1-2-7（c）。

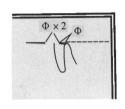  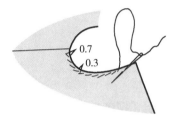

（a）全回针　　　（b）半回针（直线形）　　　（c）半回针（斜形）

图1-2-7　回针

4. 缲针

缲针有明缲针、暗缲针与三角缲针三种，缝线宜选用与衣料同色线，以便隐藏线迹。明缲针是线迹略露在外面的针法，多用于中式服装贴边处；暗缲针由于线迹较隐蔽，常用在西装的里布袖子与袖窿的手针缝合、贴袋的贴边与袋里布的手针缝合；三角缲针常用于毛呢服装下摆贴边的滚边里侧上。

操作方法：

缲针在服装反面操作，线迹宜松弛。

（1）明缲针（视频1-2-9）

针法由右向左，由内向外缲，循环往复进行，线迹长约0.2cm，针距约0.5cm，线迹为斜扁形，见图1-2-8（a）。

要点：先把衣片贴边折转扣烫好。第一针从贴边内向左上挑起，使线结藏在中间，第二针向左、距第一针约0.2cm挑起衣片大身和贴边口，针穿过衣片大身时，只挑起一两根纱丝。

（2）暗缲针（视频1-2-10）

由右向左，由内向外直缲，线迹为直点形，缝线隐藏于贴边的夹层中间，每针间距0.3～0.5cm，见图1-2-8（b）。

要点：把衣片贴边折转扣烫好。第一针沿贴边内边缘向左上挑起，使线结藏在中间，第二针在贴边口与第一针垂直挑起衣片大身一两根纱丝。

（3）三角缲针（视频1-2-11）

由右向左进行，每针间距0.5cm左右，线迹呈八字状，见图1-2-8（c）。

要点：将滚边后的衣片贴边折转扣烫好，然后外翻滚边并用左手捏住，右手拿针沿衣片大身和滚边各挑起1~2根纱线，线迹呈八字状。

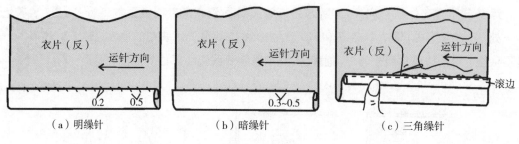

（a）明缲针　　　　　　（b）暗缲针　　　　　　（c）三角缲针

图1-2-8　缲针

5. 三角针（视频1-2-12）

三角针也称花绷针，常用于服装的底边、袖口、裤口的贴边等的边缘处理。

要点：三角针针法为内外交叉、自左向右倒退，将布料依次用平针绷牢，缲针在服装反面操作，线迹宜松弛。

操作方法：见图1-2-9。

① 先将贴边折烫好，线接头藏于贴边与衣片夹层中。

② 第一针从贴边内并距边0.6cm向贴边正面穿出。

③ 第二、三针向后退，缝在衣片反面紧靠贴边边缘处，挑起衣片1~2根纱线。

④ 第四、五针再向后退，缝在贴边处，正面距边约0.6cm。

⑤ 第一针与第四针的距离约为0.7cm，第三针与第四针的距离也为0.7cm左右。

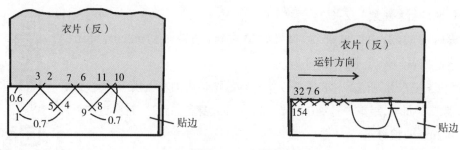

图1-2-9　三角针

6. 星点针

星点针也叫暗针或拱针。其用途：一是用于毛呢或西服等服装的前门襟止口不压明线的部位，使衣身、挂面、衬料三者能固定，防止挂面止口反吐；二是有里布的服装绱拉链部位的里布固定；三是装饰点缀。

操作方法：运针总体方向是从右向左，针法类似于回针，见图2-1-10

① 第一针距止口边0.5cm,从挂面反面向正面穿出,线结留在挂面与衣片大身的夹层中。

② 第二针后退一根纱从挂面正面穿过,在夹层间的缝份上向前运针约0.7cm,挑起衣片大身的衬布1~2根纱后,再从挂面反面向正面穿出。

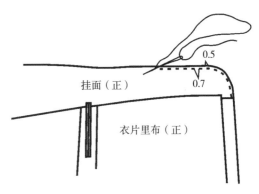

图1-2-10 星点针

7. 八字针

也称纳针,线迹为八字形,多用于毛料西服或大衣的领驳头处,使面料与衬布缝合成一体,形成面紧衬松,自然翻折的一种针法。

操作方法:见图1-2-11。

① 将衬布朝上,衣身在下摆放;左手拇指在上、食指在下捏住衬布与大身,并将领驳头捏成自然卷曲状。

② 右手将针穿入缝料,当左手食指微有针刺感时(只挑起衣身面料1~2根纱),针尖立即向上挑。针距约0.2cm,线迹长约0.7cm;行距上端约0.3cm,下端约0.7cm;每缝一针拉一次线,从里向外来回斜缝,行与行之间成八字形。

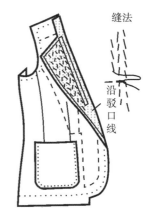

图1-2-11 八字针

8. 贯针

也叫串针,是一种将缝份折光后对接的针法,常用于无法车缝的部位或斜丝部位的缝合,尤其适合西服领串口部位领面与驳头的对格对条处理。

操作方法:见图1-2-12。

将需对接部位的缝份折烫好,运针方向从右向左,起针的线结藏在缝份中,线迹在衣片的缝份里,正面不露线迹,针距为0.15 ~ 0.2cm,每进3 ~ 4针要往后退回半针,以防滑动。

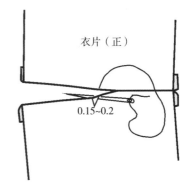

图1-2-12 贯针

9. 锁扣眼(锁针)

锁针是手工锁眼的针法,是服装缝制工艺中不可缺少的一种针法,常用于锁扣眼、锁钉钩扣、锁圆孔、锁缝腰带襻等,以下介绍锁扣眼的要点。

(1)扣眼长度的确定

扣眼的长度是由扣子的大小和扣子的厚度决定的。

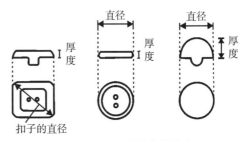

图1-2-13 扣眼长度的确定

扣眼的长度＝扣子的直径＋扣子的厚度，见图1-2-13。

（2）扣眼位置的确定

扣眼的位置和间距，应根据设计要求和穿着情况来决定。通常，扣眼的间距是相等的，但长大衣、长风衣等较长的外衣，越到下面扣眼的间距应越长些，这样才会使视觉产生平衡。

扣眼位置的确定见图1-2-14。

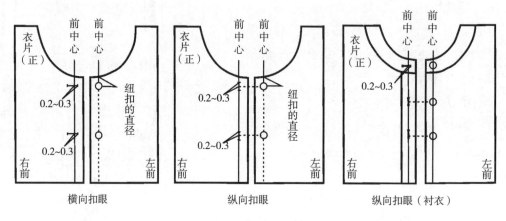

图1-2-14　扣眼位置的确定

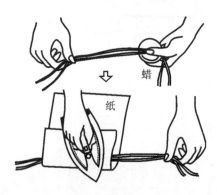

图1-2-15　锁缝线的处理

（3）扣眼的类别

扣眼在外观上分方头和圆头两种；功能上有实用与装饰之分；加工方法上有手工锁缝和机器锁缝之分。

手工锁眼时，一般使用棉、涤棉或丝线，线的长度大约是扣眼的30倍。根据面料的厚薄，可用单股缝线或用双股缝线合并锁缝。

采用手工锁眼时，在锁缝扣眼之前，要先对锁缝线进行处理，为防锁缝线打扭，可用熨斗熨一次，若在锁缝线上沾一些蜡，再用纸张夹住擦去多余的蜡，则锁缝线会更牢固一些，见图1-2-15。锁缝线应与面料的颜色匹配或略深一些。

（4）横向平头扣眼

常用于衬衫、两用衫、童装中。其特点是靠近前门襟止口处的一侧锁缝成放射状，另一侧锁缝成方型。

具体操作步骤：见图1-2-16。

① 先确定扣眼的大小，一般宽0.3~0.4cm，长是扣子直径加扣子厚度，然后车缝一周。容易毛边的面料，在扣眼中也要来回车缝几道线，防止脱纱。

② 在扣眼中央剪口。

③ 首先在扣眼周围扦上一圈衬线，然后按图示顺序缝制。

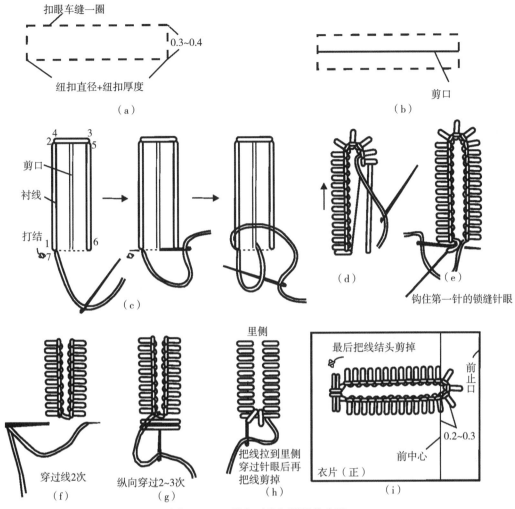

图1-2-16 横向平头扣眼操作步骤

④ 一侧锁眼完后,在转角处锁成放射状,然后继续锁缝。

⑤ 按图示锁到最后,将针插入最初锁眼的那根线圈中。

⑥ 将线横向缝两针。

⑦ 在纵向缝两针。

⑧ 在里侧来回两次穿过锁眼线,不用打线结直接将线剪断。

⑨ 锁眼完毕,注意不要忘记将最初的线结去掉。

（5） 纵向平头扣眼

常用于衬衫类服装中,其特点是扣眼两端锁缝成方型。

操作方法同横向平头扣眼。

具体步骤:见图1-2-17。

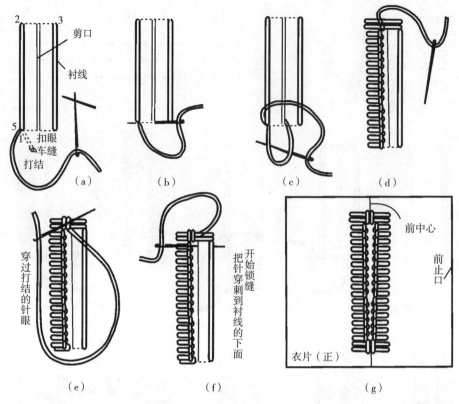

图1-2-17 纵向平头扣眼操作步骤

（6）圆头扣眼

常用于毛料及较厚化纤面料制作的套装、西服、大衣等服装中。

操作方法：先在扣眼的前端用打孔器开出小圆孔，圆孔大小等于纽脚粗细，在四周拉衬线后再锁缝，步骤见图1-2-18。

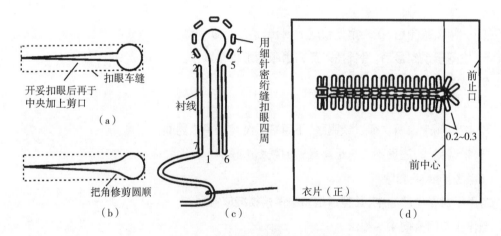

图1-2-18 圆头扣眼操作步骤

（7）圆形扣眼

常作为带子、绳子的穿引口。

操作方法：先用打孔器开扣眼,然后在扣眼处衬线一周,最后用手针锁缝,见图1-2-19。

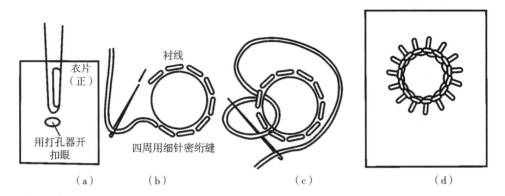

图1-2-19 圆形扣眼操作步骤

10. 纽扣钉缝

纽扣的种类按材料分有胶木、木质、电木、塑料、有机玻璃、金属、骨质等;在式样上有圆形、方形、菱形等各种形状;在与衣服的关系上可分为有眼扣和无眼扣两种。钉缝的纽扣有实用扣和装饰扣两种功能形式。实用扣要与扣眼相吻合,装饰扣与扣眼不发生关系,因此在钉纽扣时线要拉紧钉牢。

（1）有线柱无垫扣纽扣的钉缝

用于较厚实的面料,但用力少的服装中。

操作方法：线柱的长短应根据所扣衣片的厚度来决定,一般要比衣片的厚度稍长,最初与最终所打的线结不要留在里侧,钉缝步骤见图1-2-20中。

① 做线结,在布的表面缝成十字形。

② 将线穿入扣子。

③ 将线穿2~3次,使线柱比需要的厚度稍长。

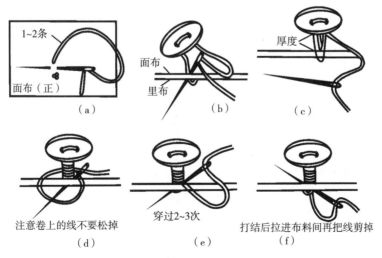

图1-2-20 有线柱无垫扣纽扣的钉缝步骤

④ 从上向下将线绕几圈。

⑤ 打一个线套,将线拉紧,穿过衣料2~3次。

⑥ 来回穿二针,将线穿到里面,再剪断。

（2）有线柱有垫扣（支力扣）的钉缝

常用于大扣子钉缝,如在西服、外套、大衣中使用。

操作方法:由于扣子比较大,对布料的负担就大,钉缝扣子时针线要穿到里面,同时将垫扣也钉上,垫扣不需要线柱,见图1-2-21。

（3）有脚扣的钉缝

适用于有脚柱扣子的钉缝。

操作方法:直接将缝线穿过脚柱上的扣眼与衣片固定,缝线不必放出线柱。钉缝方法见图1-2-22。

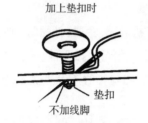

图1-2-21 有线柱有垫扣（支力扣）的钉缝

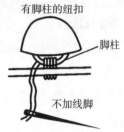

图1-2-22 有脚扣的钉缝方法

平行　　　交叉　　　方形

图1-2-23 四孔纽扣的钉缝

（4）四孔纽扣的钉缝

常用于衬衫、外套、裤子等服装的四孔纽扣的钉缝。

四孔纽扣的穿线方法有平行、交叉、方形等三种,见图1-2-23。

11. 线襻

也叫线环,缝制方法有两种,分别为手编法和锁缝法。线襻常用于裙子、风衣、大衣等服装的面布与里布的固定,也可作为腰带襻使用。

（1）手编法操作步骤（图1-2-24）

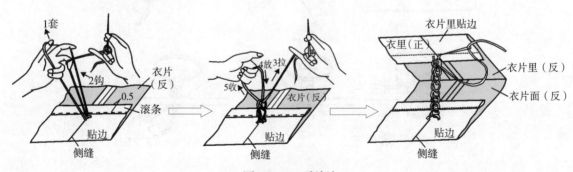

图1-2-24 手编法

① 第一针从衣片贴边侧缝的反面向正面穿过，线结藏于夹层中间，先缝两道重叠线。

② 将针穿过两行线内形成线圈，左手中指钩住缝线，同时右手轻轻拉缝线，并脱下左手上的线圈，用右手拉，左手放，使线襻成结，如此循环往复至需要长度。

③ 最后将针从线圈中拉出，将针穿过里布贴边侧缝处打结后剪断即可。

（2）锁缝法操作步骤（图1-2-25）

用于腰带穿入，相当于腰带襻的作用。

将针从腰部侧缝处穿过，确定腰带襻长度后用缝线来回缝出3~4条衬线，然后按照锁缝的方法将衬线锁缝满，最后将针穿过反面打结后剪断线即可。

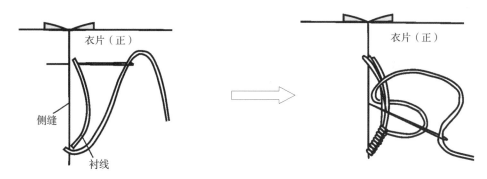

图1-2-25　线襻的锁缝法

12. 金属钩扣

金属制的钩扣有金属丝制成的小钩子（风纪扣）和片状的大钩扣两种。主要用于左右衣片扣合在一起，小钩子（风纪扣）常用于衣领左右片的扣合；片状大钩扣常用于裙腰、裤腰等左右片的扣合。

钩扣的形状、大小要根据使用的位置与功能进行选择。钉缝时，钩的一侧要缩进，环的一侧要放出，钩好后使衣片之间无间隙。

（1）丝状钩扣（风纪扣）的钉缝（图1-2-26）

① 丝状钩扣也叫风纪扣，见图1-2-26（a）。主要用于两片合在一起不太用力的地方。上侧为钩，下侧为环；上侧的钩距边缘0.2~0.3cm，下侧的环与上侧钩相反。

② 钉缝方法见图1-2-26（b），先固定钩子，再穿线固定，使风纪扣钉缝牢固。

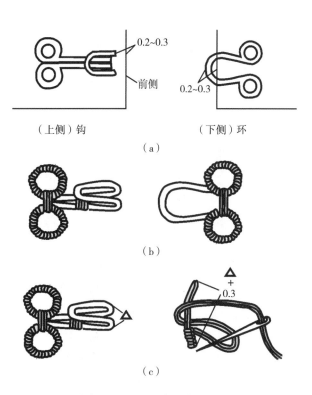

图1-2-26　风纪扣的钉缝法

③ 小的风纪扣,下侧的环也可采用线环代替,线环的长度为钩子的宽+0.3cm,见图1-2-26(c)。

(2)片状钩扣的钉法(图1-2-27)

① 片状钩扣见图1-2-27(a)。多用于易受拉力的地方,如裙子、裤子的腰带上,上侧为钩,下侧为环。

② 钉缝方法:先用两根线从正面入针,不打结缝两次小的回针把线固定,见图1-2-27(b)。

③ 在回针的地方放上裤钩,在金属孔里用锁针的方法钉缝,图1-2-27(c)。注意扣钩的位置,钩扣钉上后,使整体造型美观、自然、平整,每个小孔缝完线后,将线剪断。

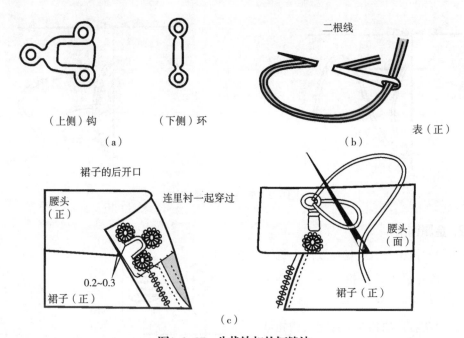

图1-2-27　片状钩扣的钉缝法

13. 揿扣

揿扣又称按扣、子母扣,它比纽扣、拉链穿脱方便,且较隐蔽,按扣有大有小、色彩丰富,用途也较广。厚面料需用力的地方,钉大按扣。在不显露的暗处钉按扣时,多用与表布同色的按扣,凹形钉在下层,凸形钉在上层,如图1-2-28。

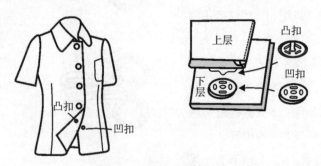

图1-2-28　揿扣钉缝的位置

揿扣的钉缝方法：见图1-2-29。

① 线打结后,在钉揿扣的中央,从表面先缝一针,见图1-2-29（a）。

② 从小孔中缝3~4针,缝线排列要整齐,见图1-2-29（b）。

③ 全部缝好后,打结固定,见图1-2-29（c）。

④ 将线通过揿扣下面穿过,最初与最终的线结,放在揿扣与布之间,见图1-2-29（d）。

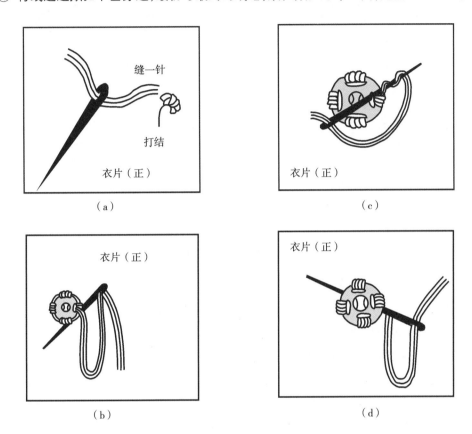

图1-2-29 揿扣的钉缝方法

14. 包扣（揿扣包布）

揿扣钉缝在较为醒目的位置或较为薄透的服装上,则需用与衣服相同颜色的布将揿扣包缝住。包揿扣的方法如下（图1-2-30）：

① 包扣布的裁剪：将包扣布裁剪成圆形,在周围用手针密纫缝一圈,然后在圆形布的中央用冲头打一个孔,见图1-2-30（a）。

② 把凸扣的头从包扣布的中间孔中穿出,凹扣的中心对准包扣布的孔,见图1-2-30（b）。

③ 将包扣布的缝线抽紧,使之收缩,见图2-2-30（c）。

④ 揿扣包好后,将其与衣服钉缝在一起,钉缝的方法同不包布的揿扣相同,见图1-2-30（d）。

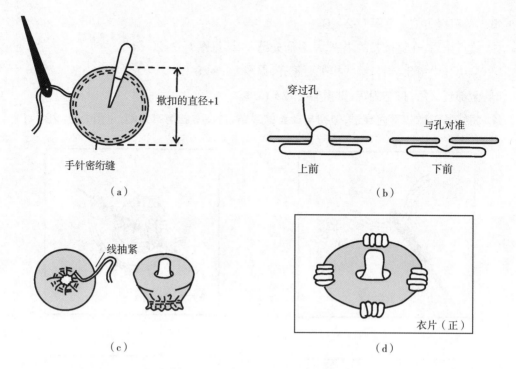

图1-2-30 包扣（揿扣）的钉缝方

15. 包扣（普通扣包布）

用布将扣子包住，作用同普通扣子。有时可作为点缀物，起装饰作用。

包扣制作方法如下（图1-2-31）：

① 包扣布的裁剪：将包扣布按扣子直接的2倍裁剪成圆形，见图1-2-31（a）。

② 用双线距布边0.3cm用手针密纫缝一圈，见图1-2-31（b）。

③ 塞进纽扣后将线均匀抽紧固定，在扣子外围约0.2cm的地方出针，见图1-2-31（c）。

④ 按图示的顺序手缝，将布的毛头全部缝住，见图1-2-31（d）。

⑤ 如图在布中间缝两次十字针，缝线打结固定，不必剪断，见图1-2-31（e）。

⑥ 包扣子的线不要剪断，接着在衣服上钉缝扣子，钉缝方法同有线脚柱的扣子，见图1-2-31（f）。

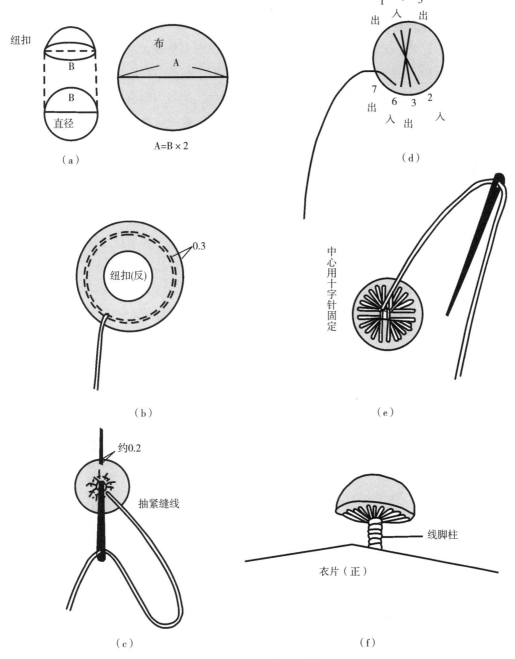

图1-2-31　包扣的缝制

三、常用手针装饰工艺

现代服装装饰工艺虽然大量采用先进的机械化加工手段,但传统的手工装饰工艺所具有的独特魅力,使得它在服装上所呈现的装饰美感是现代先进的机械设备难以取代的。装饰手针工艺常用于高级女装、童装、礼服、舞台服装以及高档室内装饰品中。

装饰手针的工艺形式有：刺绣、珠绣、打揽绣、做布花等。

（一）刺绣装饰工艺

刺绣装饰工艺分手工和机械两种形式。手针刺绣工艺是传统的手工艺,它采用手缝针、绣花线等工具和材料,将绣花线通过手缝针进行一定规律的运作形成线迹,产生刺绣图案的工艺形式,我国的四大名绣：苏绣、湘绣、粤绣、蜀绣都属于手工刺绣。而机械刺绣是借助于现代化的机械设备对面料或衣片进行刺绣加工的一种形式,如电脑绣花等。手针刺绣工艺的针法很多,以下介绍几种简单的手工刺绣针法。

1. 串针（图1-2-32）

① 运用范围：串针是一种装饰性的针法。是手针装饰针法中的基础,多用于女装和童装的门襟、领及袋口等处的装饰。

② 操作要点：先用一种颜色的绣线缝出绗针针迹,再用另一种绣线在其间穿过。此针法可用于两种颜色的绣线绣。

2. 旋针（图1-2-33）

① 运用范围：旋针也称涡形花,多用于花卉图案的枝梗、茎藤等。

② 操作要点：针法是间隔一定距离,打一套结,再继续向前,周而复始,形成涡形线迹。

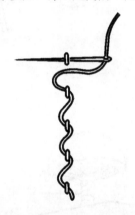

图1-2-32　串针操作要点

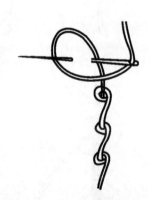

图1-2-33　旋针操作要点

3. 竹节针（图1-2-34）

① 运用范围：竹节针因它绣成的形状很像竹节而得名,多用于图案的轮廓边缘或枝、梗等线条之处。

② 操作要点：将绣线沿着图案线条绗针,每隔一定距离打一线结,并和衣料一起绣牢。

4. 山形针（图1-2-35）

① 运用范围：山形针是一种装饰性针法,因绣成的形状很像山而得名,多用于育克或服装部件的边缘部位装饰。

② 操作要点：针法与线迹和三角针相似,只是在斜绗针迹的两端加一回针。

图1-2-34　竹节针操作要点

5. 嫩芽针（图1-2-36）

① 运用范围：亦称丫形针，多用于儿童、少女服装。

② 操作要点：将套环形针法分开绣成嫩芽状，绣线可细可粗。粗者可用开司米线，细者可用丝线，根据用途不同加以选择。

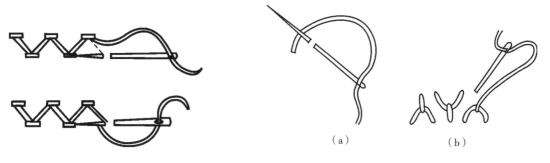

图1-2-35　山形针操作要点　　　　图2-2-36　嫩芽针操作要点

6. 叶瓣针（图1-2-37）

① 运用范围：叶瓣针是一种装饰性针法，因针法两侧的绣线呈叶瓣状而得名，用于服装边缘部位的装饰。

② 操作要点：将套环的线加长，使连接各套环的线成为锯齿形。

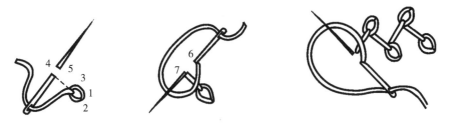

图1-2-37　叶瓣针操作要点

7. 链条针（图1-2-38）

① 运用范围：链条针又称锁链针，线迹一环紧扣一环如链条状，可用作图案的轮廓或线条之用，亦可用于服装边缘上的装饰。

② 操作要点：针法分为正套和反套两种。正套刺绣时，先用绣线绣出一个线环，并将绣线压在绣针底下拉过，这样在线环与线环之间，就可一针扣一针连接，作成链条状。反套刺绣时，先将针线引向正面，再与前一针并齐的位置将绣针插下，压住绣线，然后在线脚并齐的地方绣第二针，逐针向上绣成。如需绣阔链条，则两边的起针距离大，且挑针角度形成斜形。

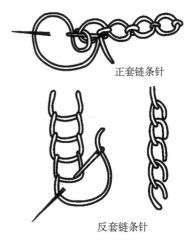

正套链条针

反套链条针

图1-2-38　链条针操作要点

8. 绕针绣（图1-2-39）

① 运用范围：绕针绣是缠绕绣线的一种针法，具有装饰性，多用于毛呢服装的门襟边缘。

② 操作要点：先绣回形针迹，再用线缠绕在原来的针迹中，产生捻线的感觉，用粗丝线效果好。

9. 水草针（图1-2-40）

① 运用范围：水草针属装饰性针法，绣线形状如水草而得名。一般用于服装的边缘部位，起装饰作用。

② 操作要点：先绣下斜线，再绣上斜线和横线，循环往复，形成水草图形。

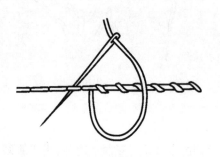

图1-2-39　绕针绣操作要点

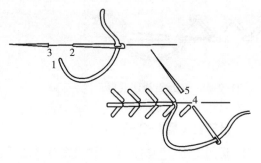

图1-2-40　水草针操作要点

10. 珠针（图1-2-41）

① 运用范围：珠针亦称打子绣，用于作花蕊或点状图案。

② 操作要点：绣针穿出布面后，将线在针上缠绕两圈，也就是布面上打一线结，再拔出针沿图案线迹刺入即成。出针和进针越近，珠结就越紧。

11. 螺丝针（图1-2-42）

① 运用范围：把长短、粗细的针法结合在一起，用于花蕾及小花朵刺绣。

② 操作要点：针法是将绣针挑出布面后，用绣线在绣针上缠绕数圈，圈数视花蕊大小而定，然后将针仍旧刺下布面，绣线从线环中穿过，这样绕成的绣环可以是长条形或环形。

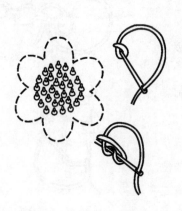

图1-2-41　珠针操作要点

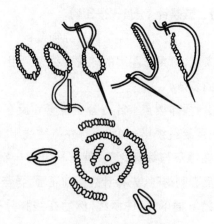

图1-2-42　螺丝针操作要点

12. 十字针（图1-2-43）

① 运用范围：十字针亦称十字挑花,是我国的传统针法之一。是由十字针迹排列成各种图形,用途广,艺术性强,有单色和彩色之分。

② 操作要点：其针法有两种。一种是将十字对称针迹一次挑成；另一种是先从上到下挑好同一方向的一行,然后再从下到上挑另一方向的另一行。在十字针基础上可改绣成米字形双十字针。

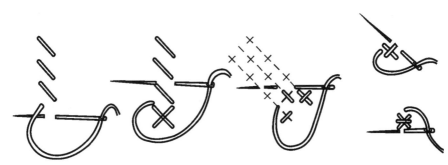

图1-2-43 十字针操作要点

13. 杨树花针（图1-2-44）

① 运用范围：杨树花针亦称花棚针,常用于女长大衣、短大衣的里布下摆贴边处。针法可分为一针花、二针花和三针花等,根据装饰需要而定。

② 操作要点：将针一上一下地向上挑起,挑针时绣线必须在针尖下穿过。二针花为二上二下地向上挑起。三针花为三上三下挑起。

一针花　　　　　　　　二针花　　　　　　　　三针花

图1-2-44 杨树花针操作要点

（二）珠绣、闪光片绣装饰工艺

珠绣装饰工艺是用缝线通过手缝针将珠子或珠片进行一定规律的运作,将其钉住形成线迹或图案的一种工艺形式。珠绣工艺可以全部采用珠子或珠片组成图案,也可以和刺绣配合组成图案,以下介绍几种常用的针法。

1. 珠子装饰工艺

① 运用范围：常用于高级女装、礼服、舞台服装的装饰,或与刺绣及其他印花图案组成新的图案。

② 操作要点：见图1-2-45。

a. 散珠的排列钉法（图1-2-45a）：用于相邻两颗珠子间距紧密的排列,小圆珠、管状珠均可适用。钉一针、串一颗珠,针迹要与珠粒长度相配合,排列方式可根据需要而定。

b. 单颗回针法（图1-2-45b）:用于相邻两颗珠子间距稍大的排列,主要针对小圆珠的钉缝。方法是用手针回针缝的方法,串一颗珠子,回一针。

c.单颗双回针法（图1-2-45c）:用于颗粒较大的珠子的钉缝。串一颗珠子,回两针,增加牢度。

d. 散珠回针交叉钉法（图1-2-45d）:将珠子交叉排列,一上一下两粒珠子前后缝住,串一颗珠子,缝针在反面交叉穿过,珠子的间距可略大些。线要拉紧些,但不能使布面起皱。

e. 编串钉珠法（图1-2-45e）:在每一针迹中编串多颗小珠,排列成图案,也可用它将图案填满。

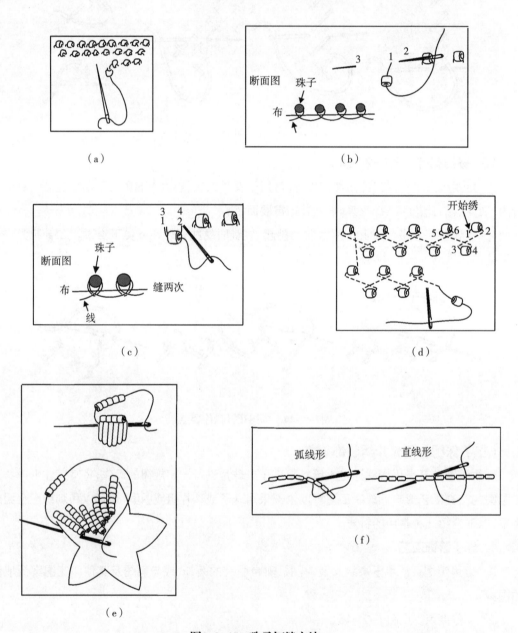

图1-2-45 珠子钉缝方法

⑥ 连续钉珠法（图1-2-45f）：先将珠子用线串连，然后根据图案形状，用针线将串珠的线扣钉在衣片上。曲线时每一粒珠子缝一针，直线时每隔两三粒珠子缝一针。

2. 闪光片（珠片）装饰工艺

常用于高级女装、礼服、舞台服装、女式手提包的装饰或与刺绣及其他印花图案组成新的图案中。

（1）单片单缝法（图1-2-46）

① 两边钉缝法：在每一珠片的两边各钉一针，与衣片钉在一起，见图1-2-46（a）。

② 打结封针钉缝法：缝线穿过珠片中间的小孔，并在小孔上打一线结（要求线结大于小孔），使其盖住小孔，然后再从珠片的小孔中穿进面料，将珠片固定，见图1-2-46（b）。

③ 钉珠封针钉缝：方法同b，只是用小珠代替线结，其装饰效果比1-2-46（b）好，也更牢固，见图1-2-46（c）。

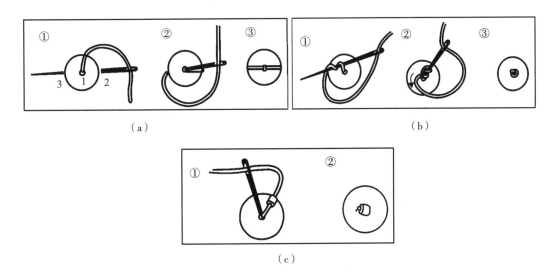

图1-2-46　单片单缝法

（2）重叠缝法

将珠片的半片用回针法钉缝住，然后一片一片地半片重叠缝住，像鱼鳞状，入针次序见图示，按此法可钉成各种图案，见图1-2-47。

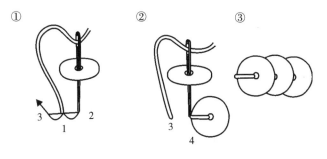

图1-2-47　珠片重叠缝法

（三）布花的制作

1. 环形花

① 运用范围：环形花是用整条双层面料作花瓣，常选用薄型纱类制作，效果轻盈、透明。常用于礼服的装饰。

② 操作要点（图1-2-48）

a. 根据设计要求，确定花朵用料的宽度和长度。然后用斜裁的方法裁剪两倍宽度的用料，折成双层，两端剪成弧形，见图1-2-48（a）。

b. 沿下边线用短绗针密缝一道线，抽褶后卷成花朵，用针线将花底部固定住，见图1-2-48（b）。

c. 用布剪一块花托，将其缝在花朵底部，使其光洁完整，见图1-2-48（c）。

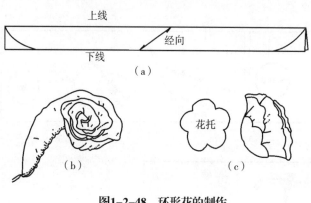

图1-2-48 环形花的制作

2. 分瓣花（图1-2-49）

① 运用范围：分瓣花是采用大小不同的几片布相叠而成，常选用毛边不易散脱的面料，成型后显得逼真，常用于礼服的装饰。

② 操作要点：

a. 剪花瓣：花瓣的大小可根据设计需要决定，现以制作直径为7cm的小花为例说明制作的方法。先剪小花瓣5个，尺寸为5cm×6cm；大花瓣3个，尺寸为7cm×9cm，剪成弧线状，见图1-2-49（a）。

b. 花瓣底部抽褶：先用最大针迹在花瓣底部缉缝一道线，然后抽底线收适量褶，使其呈中部凸起的花瓣状，见图1-2-49（b）。

c. 花朵缝合：将花瓣错开相叠，小瓣在内、大瓣在外，整理成自然界的花朵形状，再用线将其固定住。在缝制固定时要注意保持花型，见图1-2-49（c）。

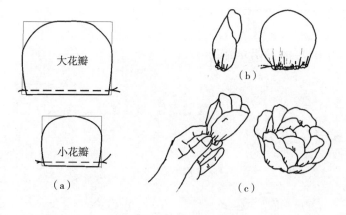

图1-2-49 分瓣花的制作

（四）葡萄纽的制作（图1-2-50）

① 运用范围：葡萄纽亦称盘花纽，是具有传统风格的装饰纽，多用于中式服装。

② 操作要点：先把正斜纱的斜条绲好，操作时一端可用大头针固定在操作台上。如果是

薄料,则在中间衬棉纱线,使襻条圆而结实。盘葡萄纽时按图1-2-50所示顺序,初盘时的纽珠较松,可用镊子或锥子逐步盘紧。

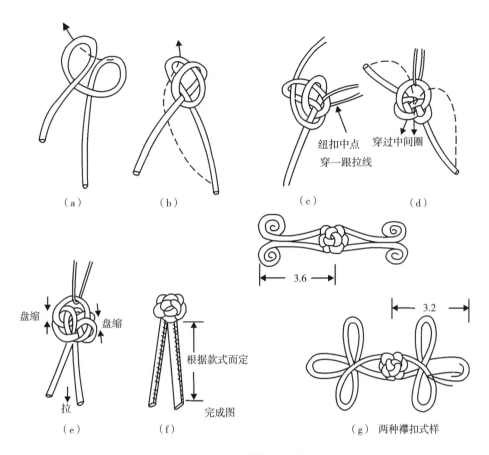

（a）　　　　　　　　（b）　　　　　　　　（c）　　　　　　　　（d）

纽扣中点
穿一跟拉线

穿过中间圈

盘缩　　　　　　盘缩

拉

（e）　　　　　　（f）

根据款式而定

完成图

（g）　两种襻扣式样

图1-2-50　葡萄纽的制作

第三节　高速平缝机的构造与使用

平缝机也称缝纫机,是服装缝制的基础设备,分为家用普通缝纫机和高速平缝机（工业高速平缝机）,两者在构造、使用方法上有较大的差异。高速平缝机有普通高速平缝机和电子自动切线平缝机,高速平缝机常用于服装企业、服装设计制作工作室、服装制作教学培训单位以及喜欢服装制作的家庭个人使用,下面简单介绍高速平缝机的构造和使用方法。

一、高速平缝机的构造及工作原理

平缝机有机针、挑线、旋梭、送布四大成缝机构,由电动机带动缝纫机主轴运动,其四大成缝机构的工作原理如下:

（1）机针机构

缝纫机针杆上装有机针,机针在针杆的带动下工作。针杆是由主轴带动转动的,通过曲柄滑块机构的传动形成上下往复运动。主轴每转一周,针杆上下往返一次,机针机构的作用是通过机针将上线不断送过面料。

（2）挑线机构

机针将上线送过布面后,为了与底线交织,上线要保持松弛状态,上下线交织后,为形成规律的线迹,又需将上线拉紧,其作用就是实现上线的这种时松时紧的要求。其主要机件挑线杆是由主轴通过圆柱凸轮或连杆机构传动的,主轴每转一周,挑线杆上下往返一次,往上运动速度快,往下则较慢。

（3）旋梭机构

旋梭机构由主轴经齿轮或连杆机构传动,主轴转动一周,旋梭旋转两周。旋梭机构是使到达面料下侧的上线在梭钩的带动下与梭壳梭芯中的底线相互缠绕,形成上下线的交织。

（4）送布机构

最常用的是下送布牙机构,它由主轴经凸轮连杆机构传动,其运动轨迹是上下前后呈椭圆形。主轴转一周,送布牙运转一周,即向前送布一次。送布牙的运动主要是输送面料向前移动,以配合机针和旋梭形成线迹。

二、高速平缝机的使用方法

高速平缝机有多种品牌和型号,在功能上有所差异,但其各部件构造大同小异,使用方法基本相近,图1-3-1是brother品牌、型号为S-7300A电子送布直驱自动切线平缝机的部件名称。

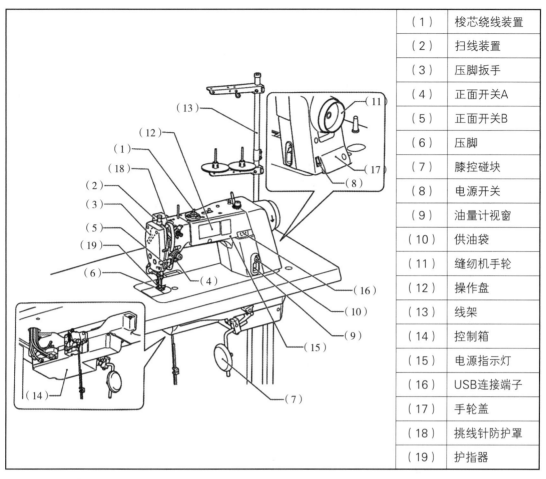

（1）	梭芯绕线装置
（2）	扫线装置
（3）	压脚扳手
（4）	正面开关A
（5）	正面开关B
（6）	压脚
（7）	膝控碰块
（8）	电源开关
（9）	油量计视窗
（10）	供油袋
（11）	缝纫机手轮
（12）	操作盘
（13）	线架
（14）	控制箱
（15）	电源指示灯
（16）	USB连接端子
（17）	手轮盖
（18）	挑线针防护罩
（19）	护指器

图1-3-1　brother品牌型号S-7300A自动切线平缝机各部件名称

1. 装机针（图1-3-2）

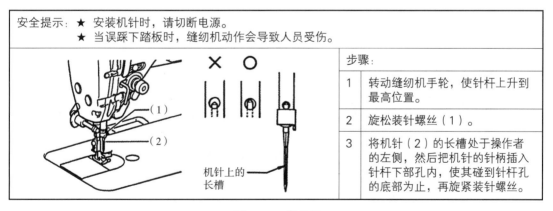

安全提示：★ 安装机针时，请切断电源。★ 当误踩下踏板时，缝纫机动作会导致人员受伤。		
	步骤：	
	1	转动缝纫机手轮，使针杆上升到最高位置。
	2	旋松装针螺丝（1）。
	3	将机针（2）的长槽处于操作者的左侧，然后把机针的针柄插入针杆下部孔内，使其碰到针杆孔的底部为止，再旋紧装针螺丝。

图1-3-2　装机针

2. 绕底线（图1-3-3）

以"brother"型号为"S-7300A"自动切线平缝机为例，进行绕底线操作（图1-3-3）。

| 安全提示： | ★ 在绕线过程中，不要触摸任何运动部件或将物件靠在运动部件上，因为这会导致人员受伤或缝纫机损坏。 |

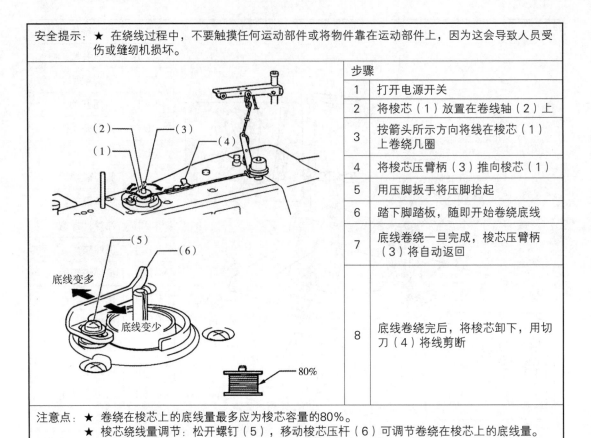

	步骤
1	打开电源开关
2	将梭芯（1）放置在卷线轴（2）上
3	按箭头所示方向将线在梭芯（1）上卷绕几圈
4	将梭芯压臂柄（3）推向梭芯（1）
5	用压脚扳手将压脚抬起
6	踏下脚踏板，随即开始卷绕底线
7	底线卷绕一旦完成，梭芯压臂柄（3）将自动返回
8	底线卷绕完后，将梭芯卸下，用切刀（4）将线剪断

| 注意点： | ★ 卷绕在梭芯上的底线量最多应为梭芯容量的80%。
★ 梭芯绕线量调节：松开螺钉（5），移动梭芯压杆（6）可调节卷绕在梭芯上的底线量。 |

图1-3-3 绕底线

3. 装入梭壳的方法（图1-3-4）

| 安全提示： | ★ 装入梭壳时，请切断电源。
★ 当误踩下踏板时，缝纫机动作会导致人员受伤。 |

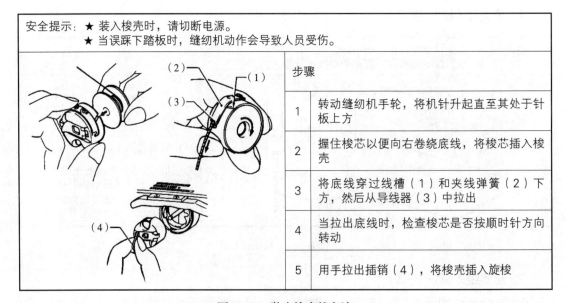

	步骤
1	转动缝纫机手轮，将机针升起直至其处于针板上方
2	握住梭芯以便向右卷绕底线，将梭芯插入梭壳
3	将底线穿过线槽（1）和夹线弹簧（2）下方，然后从导线器（3）中拉出
4	当拉出底线时，检查梭芯是否按顺时针方向转动
5	用手拉出插销（4），将梭壳插入旋梭

图1-3-4 装入梭壳的方法

4. 取出梭壳的方法（图1-3-5）

安全提示：★ 取出梭壳时，请切断电源。

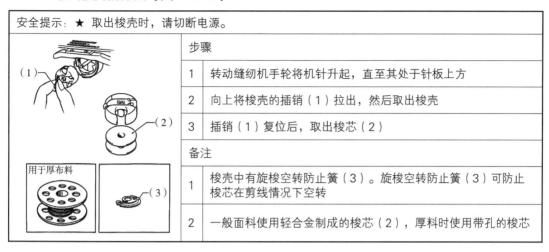

	步骤
1	转动缝纫机手轮将机针升起，直至其处于针板上方
2	向上将梭壳的插销（1）拉出，然后取出梭壳
3	插销（1）复位后，取出梭芯（2）

	备注
1	梭壳中有旋梭空转防止簧（3）。旋梭空转防止簧（3）可防止梭芯在剪线情况下空转
2	一般面料使用轻合金制成的梭芯（2），厚料时使用带孔的梭芯

用于厚布料

图1-3-5　取出梭壳的方法

5. 面线的穿法（图1-3-6）

安全提示：★ 在穿线过程中，请切断电源。

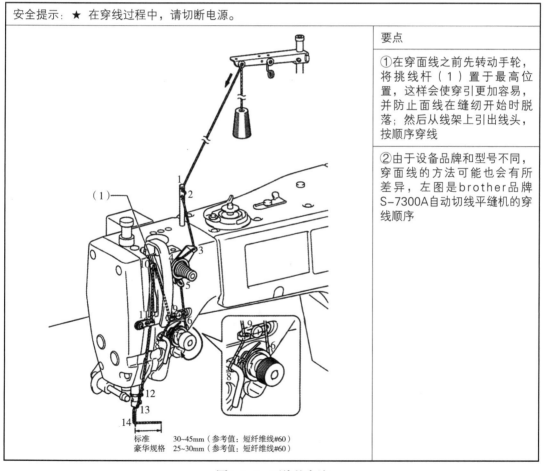

要点
①在穿面线之前先转动手轮，将挑线杆（1）置于最高位置，这样会使穿引更加容易，并防止面线在缝纫开始时脱落；然后从线架上引出线头，按顺序穿线
②由于设备品牌和型号不同，穿面线的方法可能也会有所差异，左图是brother品牌S-7300A自动切线平缝机的穿线顺序

标准　　　　30~45mm（参考值：短纤维线#60）
豪华规格　　25~30mm（参考值：短纤维线#60）

图1-3-6　面线的穿法

6. 引底线

引底线时,先将面线的线头捏住,转动手轮使针杆向下运动,再回升到最高位置,然后拉起捏住的面线的线头,底线即被牵引上来。最后将底、面两根线头一起置于压脚下前方。

7. 膝控碰块的使用方法(图1-3-7)

使用方法:在操作时,用膝盖向右按下膝控碰块(1)时,可抬高压脚(2)

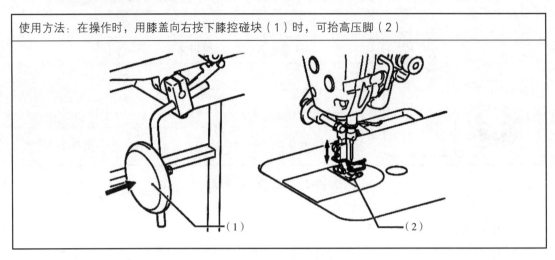

（1）　　　　　　　　　　　　　　　　（2）

图1-3-7　膝控碰块的使用方法

8. 针距(视频1-3-1)

（1）针距调节

针距长短的调节,不同品牌和型号有所区别,普通高速平缝机和普通电脑高速平缝机可以用转动针距标盘来调节。

视频　1-3-1

要点：① 标盘上的数字表示针距长短尺寸(单位为mm);

② 标盘上的数字对准上方正中的小圆点时,该数字越大,针距越长;该数字越小,针距越短。

（2）针距的选用

针距的长短应根据所缝制的面料和服装的款式进行设计,在实际应用时,针距通常以3cm内的针数来表示。缝制薄料时,针距应稍密;缝制厚料时,针距宜稍疏。

9. 倒缝(倒回针)(视频1-3-2)

（1）倒缝(倒回针)操作方法

倒向送料时,将倒缝操作杆向下揿压即能倒送,手放松后倒缝操作杆自动复位,恢复顺向送料。

视频　1-3-2

（2）倒缝(回针)的作用

① 防止缝线散脱:两层或两层以上面料合缝时,通常情况下,在开始和结束时需回针,回针的距离控制在0.6cm左右,回针次数以3次为宜,以防止缝线散脱。

② 加固作用:在服装需加固的部位,如口袋、裤襻等部位常用回针的方法用以加固。

10. 压脚压力调节（视频1-3-3）

压脚压力要根据面料的厚度通过调压螺丝加以调节。

要点：

① 在缝纫厚料时，顺时针方向转动调压螺丝，以大压脚压力；缝纫薄料时，逆时针方向转动调压螺丝，以减少压脚压力，应以能正常推送料为宜。

② 调压螺丝的高度通常在2.9~3.2cm间。

视频 1-3-3

11. 缝线线迹的调节（视频1-3-4）

缝线的线迹要根据缝料的不同、缝线的粗细及其一些其他因素而变动，使上、下线（即底、面线）保持适当的张力，这是形成合格线迹的重要条件，因此在缝制前，必须仔细地调节底面线的张力，一般先调节底线张力。

视频 1-3-4

（1）底线张力调节（图1-3-8）

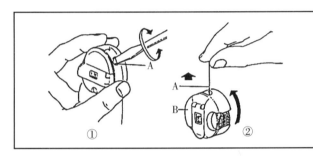

	① 用小号螺丝刀顺时针方向旋转梭壳上的梭皮大螺丝，可加大底线张力。逆时针方向旋转梭壳上的梭皮大螺丝，可减少底线张力。
	② 一般来说，底线如采用60#棉线，梭芯装入梭壳后，拉出缝线穿过梭壳线孔，捏住线头吊起梭壳，梭壳如能缓缓下落，则可使用。

图1-3-8　底线张力调节

（2）面线张力调节

面线张力以底线张力为基准，主要通过调节夹线板来实现，面线张力调节的调节方法：顺时针方向加大张力，逆时针方向减小张力。

（3）底面线线迹试缝及调整

在正式缝制前，须对底面线进行试缝，观察线迹形成情况并进行适当调整，见图1-3-9。

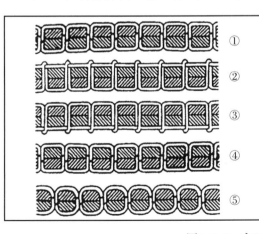

①	① 表示缝纫线的线迹正常。
②	② 表示浮面线，说明面线张力过大，应逆时针旋转夹线螺母，放松面线压力（或旋紧梭皮螺丝加大底线压力）。
③	③ 表示浮底线，说明面线张力太小，则应顺时针旋转夹线螺母，以加大面线的压力（或旋松梭皮螺丝，减少底线压力）。
④	④ 表示底面线均浮线，说明底面线张力均过小。
⑤	⑤ 表示底面线张力均过大。
	★ ④和⑤的情况则可按上述方法分别通过加大或减少底面线张力来调整。

图1-3-9　底面线线迹试缝及调整

12. 线钩装配位置的调节（视频1-3-5）

视频　1-3-5

线钩装配位置,应适合缝料与缝纫条件,线钩所处的位置不同,将关系到缝纫线迹的优劣。

线钩的位置可通过旋松固定螺丝,根据需要向左或右移动来调整线钩所处位置和缝料厚度的关系见图1-3-10

线勾位置	左侧	中间	右侧
	 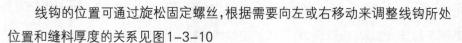		
缝料	厚料	中厚料	薄料

图1-3-10　线钩位置和缝料厚度的关系

第四节 车缝基础和常用缝型

一、车缝的设备和工具

平缝机、梭芯、梭壳、布料、线、镊子、线剪、熨斗等。

二、车缝前的准备

准备一块所要缝制的小面料,先将面料车缝几条直线,检查以下内容是否符合要求。

1. 面料与缝针、线迹密度的配合

服装缝制所用的缝针、缝线对各种不同的面料所产生的外观缝纫效果是不同的,因而在选择针、线及线迹密度(即针距)时应进行多方试验以取得最佳缝纫效果。通常,线迹密度以3cm内的针数为计量单位,不同质地的面料,不同的缝型都有不同的要求。表1-4-1例举了一些典型衣料与缝针的配用关系,供缝制时参考。

表1-4-1 典型衣料与缝针的配用关系

面　　料			缝纫机针	针距 (每3cm)
棉麻类	薄	纱布、巴里纱、上等细布	9#	13~15
	普通	细中平布、府绸	11#	14~16
	厚	厚型牛仔布、坚固呢、帆布	14、16#	12~14
丝绸类	薄	绡、乔其纱、薄纺	7、9#	13~15
	普通	双绉、素绉缎、双宫绸、绢纺	7、9#	14~16
	厚	重绉、织锦缎	9、11#	14~16
毛	薄	派力司、凡立丁、高支毛料	11#	13~15
	普通	华达呢、哔叽、薄中型花呢	11#	14~16
	厚	粗花呢、麦尔顿呢、大衣呢	11、14#	12~14

面	料		缝纫机针	针距（每3cm）
化纤·交织·混纺	仿真丝	涤丝雪纺、涤丝双绉	9#	14~16
	仿棉	人造棉	11#	14~16
	仿毛	仿毛华达呢、仿毛花呢、粗纺腈纶呢	11/、14#	12~14
针织	薄	真丝针织	7、9#	14~16
	普通	棉针织汗布、棉珠地网纹	9、11#	14~16
	厚	棉针织绒布、针织提花布（横）	11#	14~16
皮革		天然皮革	14~16#	11~12
		人造皮革	14~18#	11~12

2. 底面线张力的合理配置

底面线的张力要适宜，以车缝后线迹两侧的面料平整、底线和面线松紧适中，均没有浮线和紧线为标准。若出现浮线、缝线张力过紧等现象，应对底、面线的张力加以调整。只有将底、面线张力调整好，缝制出的线迹才能整齐、牢固，外形美观。调整的方法见第一章第三节高速平缝机的构造与使用。

3. 车缝操作要点

① 在操作时，常出现下层"吃"、上层"赶"的毛病。这是由于下层面料直接与送布牙接触，送布牙将下层面料向前推送；而上层面料直接与压脚接触，压脚的压力迫使上层面料的前行速度慢于下层面料，造成同样长度的面料，在车缝一段距离后，出现上层长，下层短的毛病。为避免出现这种现象，在缝纫操作时，用左手将上层面料适当向前推送，右手将下层面料略拉紧一些，使上下层面料同步前行，车缝结束，上下层面料会长度一致，见图1-4-1。

② 在开始缝制和结束缝制时作倒回针，以防线头脱散。

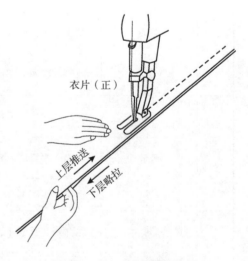

衣片（正）

上层推送

下层略拉

图1-4-1 平缝缝制要点

三、常用缝型

所谓缝型,是指一定数量的布片和线迹在缝制过程中的配置形态。衣服是由不同的缝型连接在一起的。由于服装款式不同以及适用范围不同,因此在缝制时,各种缝型的连接方法和缝份的宽度也就不同。以下介绍几种常用的缝型。

1. 平缝(视频1-4-1)

(1)运用范围

平缝也称合缝、勾缝,是最基础的一种缝型。平缝使用于上衣的肩缝、侧缝,袖子的内外缝,裤子的侧缝、下裆缝等部位。如将平缝的缝份往一边折倒,称为倒缝;将缝份分开烫平,称为分开缝。

视频　1-4-1

(2)操作要点

把两层面料正面相对,在反面按规定的缝份均匀地缉一道线。缝份宽度视面料质地的厚薄松紧、所处的部位不同而有所差异,通常为0.8~1.2cm,见图1-4-2。

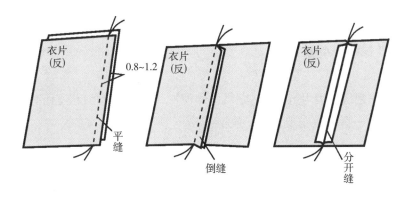

图1-4-2　平缝的缝制

视频　1-4-2

2. 扣压缝(视频1-4-2)

(1)运用范围

扣压缝也称克缝、压缉缝。常用于衬衫的覆肩、贴袋的缉线等。

(2)操作要点(图1-4-3)

先将面料的缝边按规定的缝份扣倒烫平,再把它放到规定的位置,在折边缉上0.1cm的明线。

3. 内包缝(视频1-4-3)

(1)运用范围

内包缝称反包缝。常用于夹克

图1-4-3　扣压缝操作要点

的肩缝、侧缝、袖缝以及裤子的侧缝等部位。内包缝的特点是正面呈现一条缝线,反面呈现两条缝线(一根面线,一根底线)。

视频　1-4-3

（2）操作要点（图1-4-4）

将两层衣片的正面相对重叠，下层衣片比上层衣片多出0.9 ~ 1cm（多出的量以包缝在正面的缝迹宽度和面料的厚度为依据，通常再加上0.1 ~ 0.2cm），将下层面料0.8 ~ 0.9cm包转到上层，距折边0.7cm进行车缝，再把包缝折倒，将毛边盖住，在正面车0.6cm的明线。包缝在正面的明线宽度有0.4cm、0.6cm、0.8cm等，可根据需要加以选择。

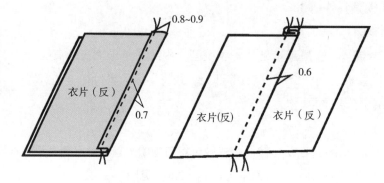

图1-4-4　内包缝缝制要点

4. 外包缝（视频1-4-4）

（1）运用范围

外包缝又称正包缝。运用范围同内包缝。外观特点与内包缝相反，正面有两条线（一条面线，一条底线），反面是一条底线。

（2）操作要点（图1-4-5）

缝制方法与内包缝相同。不同点是将衣片的反面与反面相对重叠后，下层衣片比上层衣片多出0.9 ~ 1cm（多出的量以包缝在正面的缝迹宽度和面料的厚度为依据）包转到上层，包转到上层的量为0.8 ~ 09cm，距折边0.7车缝，再把包缝折倒，将毛边盖住，在正面车0.1cm的明线。外包缝在正面的明线宽度有0.1cm + 0.4cm、0.1cm + 0.6cm或0.1cm + 0.8cm等，可根据需要加以选择。

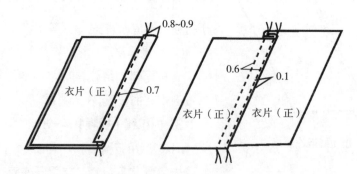

图1-4-5　外包缝缝制要点

5. 来去缝（视频1-4-5）

（1）运用范围

正面不见缉线的缝型。常用于轻薄面料服装的缝制，缝边处理可代替三线包缝。

（2）操作要点（图1-4-6）

① 来缝：将两层衣片反面相对叠合，距边缘车1cm的明线，然后将缝份修剪留0.3cm。

② 去缝：将车缝后的两衣片翻转，形成正面相对，缝边用手扣齐，然后沿边0.6cm车第二道线，且使第一次缝份的毛屑不能露出。

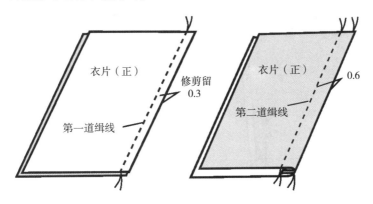

图1-4-6　来去缝缝制要点

6. 分压缝（视频1-4-6）

（1）运用范围

分压缝又称劈压缝。常用于裤裆、内袖缝等部位。正面类似平缝，而反面在缝份上加缝了一条线，其作用一是加固，二是使缝份平整。

（2）操作要点（图1-4-7）

将两层衣片正面相对叠合，沿边先缉1cm；然后将上层衣片的缝份翻折，在翻折后的缝份处车0.1cm，同时车缝住上下层衣片。

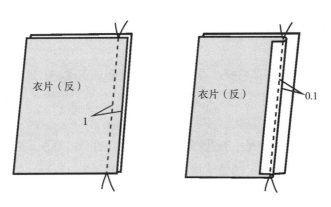

图1-4-7　分压缝缝制要点

7. 坐缉缝（视频1-4-7）

视频　1-4-7

（1）运用范围

坐缉缝常用于夹克、休闲类衬衣等服装的拼接缝，其主要作用一是加固，二是固定缝份，三是装饰。

（2）操作要点（图1-4-8）

将两层衣片正面相对叠合，沿边先缉一条明线。为减少缝份的厚度，平缝时将下层缝头多放0.4～0.6cm，缝合后缝份朝下缝方向坐倒，在正面压一道明线，使大缝盖住小缝。

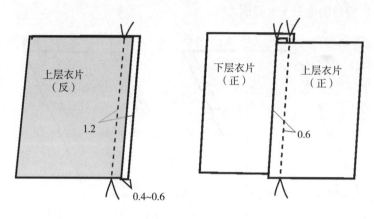

图1-4-8　坐缉缝缝制要点

8. 闷缝（视频1-4-8）

视频　1-4-8

（1）运用范围

闷缝也叫闷缉缝，常用于缝制裙子、裤子的腰头、袖克夫或衬衫门襟等需一次成缝的部位。

（2）操作要点（图1-4-9）

先将一块面料两边折进1cm烫平，再折烫成双层（布边先折烫光）下层比上层宽0.1cm，然后将衣片夹在双层中间（衣片塞进双层中间为1cm），沿上层边缘缉缝0.1cm，将上、中、下三层一起缝住。缝制时注意上层要推送，下层略拉紧。

9. 卷边缝（视频1-4-9）

视频　1-4-9

（1）运用范围

卷边缝也叫贴边缝，有宽窄两种。宽贴边常用于衣服的下摆、袖口、裤口等部位；窄卷边常用于荷叶边等较细巧部位的边缘处理。

（2）操作要点（图1-4-10）

先将衣片的毛边向反面折光（折进的量根据需要有0.3cm、0.5cm、0.8cm、1cm不等），然后将贴边向反面再折转一定的量（根据需要贴边的量有0.5cm、0.8cm、1cm、1.5cm、2cm不等），使衣片的毛边被卷在里边；最后沿贴边上口缉0.1cm的明线。

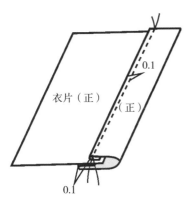

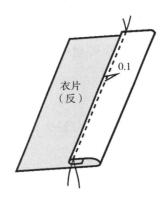

图1-4-9　闷缝缝制要点　　　　　　　　　　图1-4-10　卷边缝缝制要点

10. 漏落缝（视频1-4-10）

（1）运用范围

漏落缝常用于嵌线的固定，如双嵌线口袋、单嵌线口袋等。

（2）操作要点（图1-4-11）

平缝后将缝份分开，在分缝中间（衣片正面）缉线。

视频　1-4-10

11. 别落缝（视频1-4-11）

（1）运用范围

别落缝 是一种明线暗缉的方法，常用于裤腰或裙腰的缝制。

（2）操作要点（图1-4-12）

将腰头面布正面与裤片（或裙片）正面相对叠合，距边车缝1cm，然后将腰头折转，缝份倒向腰头，从裤片（或裙片）正面紧靠腰头边缉缝0.1cm明线。

视频　1-4-11

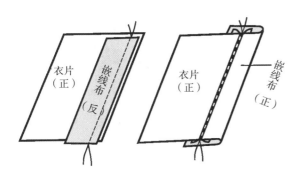

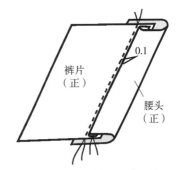

图1-4-11　漏落缝缝制要点　　　　　　　图1-4-12　别落缝缝制要点

12. 搭接缝

（1）运用范围：

搭接缝又称搭缉缝，常用于衬布的拼接，使拼接部位厚度小，外观平服。

（2）操作要点

将两片拼接的边搭在一起,上下层重叠 1 ~ 1.2cm,然后在中间缉一道线将其固定（图 1-4-13）。

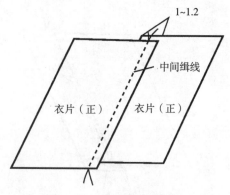

图1-4-13　搭接缝缝制要点

四、常用缝型组合操作练习

为方便学习,缝型组合操作练习选用9种常用的缝型,分别为平缝、扣压缝、内包缝、外包缝、来去缝、分压缝、坐缉缝、卷边缝、闷缝,操作要求见视频 1-4-12。

① 平缝操作见视频1-4-13。

② 扣压缝操作见视频1-4-14。

③ 内包缝操作见视频1-4-15。

④ 外包缝操作见视频1-4-16。

⑤ 来去缝操作见视频1-4-17。

⑥ 分压缝操作见视频1-4-18。

⑦ 坐缉缝操作见视频1-4-19。

⑧ 卷边缝操作见视频1-4-20。

⑨ 闷缝操作见视频1-4-21。

视频　1-4-12　　视频　1-4-13　　视频　1-4-14

视频　1-4-15　　视频　1-4-16　　视频　1-4-17

视频　1-4-18　　视频　1-4-19　　视频　1-4-20　　视频　1-4-21

第五节　熨烫工艺基础

熨烫工艺,作为服装制作的基础工艺和传统技艺,在缝制过程起着举足轻重的作用,服装行业用"三分缝制七分熨烫"强调熨烫工艺在服装缝制全过程中的地位和重要性。从衣料的整理开始,到最后成品的完成,都离不开熨烫,尤其是高档服装的缝制,更需要运用熨烫技艺来保证缝制质量和外观造型的工艺效果。

一、熨烫工艺的作用

在服装缝制的过程中,熨烫工艺从原料测试、预缩到成品整形贯穿始终。它的主要作用有以下四个方面:

1. 原辅料预缩

在服装缝制前,尤其是毛料和棉、麻、丝等天然纤维织物,要通过喷雾、喷水等熨烫工艺,对面辅料进行预缩处理；并烫掉折印、皱痕,得到平整衣料,为排料、画样、裁剪和缝制创造条件。

2. 热塑变形

通过运用归、拔、推等熨烫技术和技巧,塑造服装的立体造型,弥补结构制图没有省道、撇门及分割设置等造型技术的不足,使服装立体、美观。

3. 定型、整形

（1）压、分、扣定型

在半成品缝制过程中,衣片的很多部位要按工艺要求进行平分、折扣、压实等熨烫操作,如折边、扣缝、分缝烫平、烫实等,以达到衣缝、褶裥平直,贴边平薄等持久定型。

（2）成品整形

通过整形熨烫,使服装达到平整、挺括、美观、适体等成品外观形态。

4. 修正弊病

利用织物纤维的膨胀、伸长、收缩等性能,通过喷雾、喷水熨烫,修正缝制中产生的弊病。如对缉线不直、弧线不顺、缝线过紧造成的起皱,小部位松弛形成的"酒窝",部件长短不齐,止口、领面、驳头、袋盖外翻等弊病,都可以用熨烫技巧给予修正,以提高成衣质量。

二、熨烫工具

1. 熨烫台板

一般要求台板大小能便于一条裤子或一件中长大衣的铺熨工作,台板以5~6cm厚度且不变形为宜,高度以方便工作为准,根据一般情况台板尺寸为长110~120cm,宽80~100cm,高为

100cm为宜。

2. 台板熨烫垫呢

通常是用双层棉毯（或粗毛毯），上面再蒙盖一层白棉布。白棉布使用前应将布上的浆料洗去。然后将垫毯、白棉布固定在台板上。

3. 吊瓶蒸汽电熨斗

用于服装缝制过程的熨烫和成衣的整烫。有吊瓶熨斗和家用普通蒸汽熨斗之分。装有自动调温器，旋转刻度盘旋钮，能将熨斗调到所需温度。图1-5-1为吊瓶蒸汽电熨斗。

图1-5-1　吊瓶蒸汽电熨斗

图1-5-2　铁凳

4. 铁凳

主要用于肩缝、前后肩部、后领窝等不能平铺熨烫的部位，见图1-5-2。

5. 长烫凳

用于袖缝、裤子的侧缝等部位的熨烫，见图1-5-3。

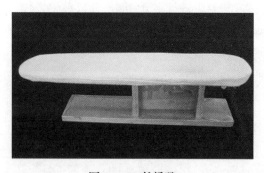

图1-5-3　长烫凳

图1-5-4　布馒头

6. 布馒头

用于熨烫服装的凸出部位，如上衣胸部、背部、臀部等造型丰满的部位，见图1-5-4。

7. 压板

用于熨烫后压实分缝的缝份或衣服的止口，使分缝固定、衣服止口变薄，见图1-5-5。

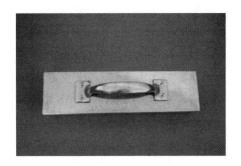

图1-5-5 压板

三、熨烫工艺的基本原理及注意事项

熨烫本质上是利用纤维在温热状态下能膨胀伸展和冷却后能保形的物理特性来实现对服装的热定型。

对衣片进行给湿加温、加压、冷却,使其通过塑型达到定型的过程,由三个阶段完成。

（1）给湿加温原理

运用熨烫工具对衣片给湿（喷雾、喷水）,再给热升温。给湿后水分能使织物纤维膨胀；给热升温后水变为热蒸汽,加快了热汽的渗透和传递,使衣片的织物纤维均匀受热,增加纤维大分子的活性,从而有利于衣片塑型和定型。

（2）加压原理

运用熨斗给衣片加湿、加温的同时,还要进行加压。经蒸汽加湿、加热的织物纤维在压力的作用下,才能按预定需要进行伸直、弯曲、拉长或缩短,便于塑型和定型。

（3）冷却原理

衣片经过一定时间的加湿、加温和加压,再通过快速干燥和冷却,去掉衣片中的水汽,使织物纤维的新形态固定,从而完成衣片的塑型,获得稳定的外观立体定型。

熨烫过程中包含了三个要素:温度、水分和压力。表1-5-1列出了常用纤维的熨烫温度,可供参考。

表1-5-1 常用纤维的熨烫温度　　　　　　　　　　　　　　单位:℃

衣料名称	喷蒸汽（水）熨烫温度	盖水布熨烫温度
全毛呢绒	160~180	170~180
混纺呢绒、化纤	140~150	150~160
真丝	120~140	140~160
全棉	150~160	160~180

了解了熨烫工艺的基本原理后,在实际操作时,还必须注意以下事项:

① 要注意服装材料的性能,选择适当的熨烫温度。

② 尽可能在衣料反面熨烫,若在正面熨烫,一般要盖上烫布,以免烫黄或烫出极光。

③ 熨斗通常应沿衣料经向缓慢移动,这样可以保持衣料丝缕顺直,使热量在纤维内渗透均匀,让纤维得到充分的膨胀和伸展。

④ 熨烫时压力的大小要根据材料、款式、部位而定。像真丝、人造棉、人造毛、灯芯绒、平绒、丝绒等材料,用力不能太重,否则会使纤维倒伏而产生极光;而像毛料西裤挺缝线、西服和大衣止口等处,则应用力重压,以利于折痕持久,止口变薄。

四、服装缝制半成品熨烫技术

1. 半成品熨烫的基本技法和主要内容

服装缝制过程中的熨烫技术,主要是对半成品进行的边缝制、边熨烫,俗称"小烫"。半成品熨烫分散在各个环节、各道工序,在各个部位随时进行,它是获得优良成品质量的前提和基础。其基本熨烫技法有三种:分缝熨烫技法、扣缝熨烫技法和部件定型熨烫技法。

(1) 分缝熨烫技法

服装缝制作业量最大的是"缉缝"。为了使半成品平顺、服贴、平整,在缝制过程中要随时进行"分缝",即把缝子按造型、结构需要进行分缝熨烫,使缝份分匀、烫平、烫实。根据不同部位的造型需要,分缝熨烫基本有3种熨烫技法和形式,即平分缝、伸分缝和缩分缝熨烫。

① 平分缝熨烫技法(图1-5-6、视频1-5-1)

把缉好的衣缝不伸、不缩地烫分开,烫实,烫平挺。常用于裙子、裤子的侧缝以及直腰式上衣的侧缝等。

熨烫技法:用熨斗尖缓缓地向前移动将衣缝左右分开,然后盖上烫布,用有蒸汽的熨斗逐渐向前压烫。操作时左右手的配合:左手配合熨斗的前进、后退,不断掀、盖烫布(为散发水汽);右手随烫布的掀、盖节奏,将熨斗作前进、后退的往复移动熨烫(盖时前进,掀时后退),直至将缝子分开、烫平、烫实为止。

② 伸分缝熨烫技法(图1-5-7、视频1-5-2)

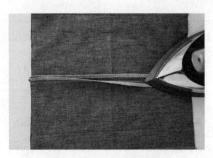

图1-5-6 平分缝熨烫

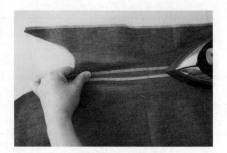

图1-5-7 伸分缝熨烫

即在分缝熨烫时，一边熨烫，一边将缝子拉伸。主要用于裤子的下裆缝、袖子的前偏袖缝等衣缝，使熨烫后符合人体的立体造型，做到不紧、不吊、服贴。这种缝子的特点是都为内凹弧线。

视频　1-5-2

熨烫技法：向前进行分缝熨烫，不握熨斗的手应拉住缝头配合，使缝子分平、分匀、烫实，达到伸而不吊、长而不缩的分缝效果。

图1-5-8　缩分缝熨烫

③ 缩分缝熨烫技法（图1-5-8、视频1-5-3）

主要用来分烫上衣衣袖的外偏袖袖缝（俗称胖缝）、肩缝；裙子、裤子侧缝中的外凸斜弧形缝。在熨烫时，为了防止把缝子伸长、拉宽，应将熨烫部位的缝子放置在铁凳或弓形烫板上熨烫。

视频　1-5-3

熨汤技法：用不握熨斗的手的中指和拇指掀住衣缝两侧，再用食指对准熨斗尖稍向前推与分烫前进的烫斗协调配合，边分开缝份，边熨烫，边前进。控制衣缝在分开、烫平、烫实时不伸长，斜丝缕不豁开、不拉宽。

（2） 扣缝熨烫技法

在服装半成品缝制过程中，经常要进行扣缝、折边、卷贴边等扣缝作业。这些扣、折、卷作业只有经过扣缝熨烫，才能平服、整齐，便于机缝或手工缲缝。扣缝熨烫主要有三种技法：平扣缝熨烫、归扣缝熨烫和缩扣缝熨烫。

① 平扣缝熨烫技法（图1-5-9、视频1-5-4）

平扣缝熨烫，简称平扣缝，常用于裙子或裤子的腰头缝制。熨烫时必须用平扣缝的方法将腰头两边的毛边扣折烫压为光边，而且要扣烫平顺、服贴、烫实。

视频　1-5-4

熨烫技法：以腰头为例，将腰头料靠身一边放平，用不握烫斗的手的食指和拇指把腰头料靠外边的折缝按规定的宽度折转，边往后退边折转；同时另一只拿熨斗的手用熨斗尖轻轻地跟着折转的折缝向前徐徐移动、压烫，然后用整个熨斗的底板稍用力地来回熨烫（必要时垫烫布）。

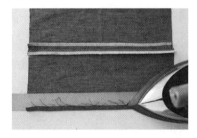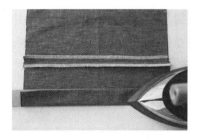
图1-5-9　平扣缝熨烫

② 归扣缝熨烫技法（图1-5-10、视频1-5-5）

归扣缝熨熨烫多用于有弧形或弧形较大、较长的上衣,大衣或裙子等的底边及贴边的翻折扣烫。其目的是使底边、贴边的翻折宽窄一致,并且平整、服贴,具有和人体体型圆弧相适应的"窝服"(不豁、不向外翻翘)。因此,必须将底边、贴边进行边翻折、边归缩扣烫。

视频　1-5-5

熨烫技法:扣烫时,首先将底边、贴边按翻折宽度翻折过来,再用不握熨斗的手的食指按住翻折的底边、贴边,另一只手用熨斗尖在折转的底边、贴边折缝处进行归扣烫。扣烫时,双手要配合默契。注意不握熨斗的手的食指在按住折翻过来的底边不断向后退的同时,还要有意识地将按住的折翻底边、贴边往熨斗尖下推送,使熨斗在前进的压烫中,将底边或贴边成弧线形归缩定型,平服烫实。

③ 缩扣缝熨烫技法(图1-5-11、视频1-5-6)

缩扣烫和归扣烫相似,都是使熨烫部位收缩,但收缩程度不同,技法也有差异。缩扣烫多用在局部的小部位,如衣袋扣烫圆角,衣袖袖窿吃势的扣烫。

视频　1-5-6

熨烫技法(以扣烫衣袋圆角为例):

a. 先在衣袋圆角处用大针距从缝边距净线0.3cm缉缝一道线,抽缩,使圆角收缩成曲势。

b. 扣烫时,将净样模板放在袋布上面,先将衣袋两边的直边扣烫平直,再扣烫衣袋圆角。

c. 把袋口放在靠身一边,用熨斗尖侧面把圆角处缝份逐渐往里归缩熨烫平服。要求里外平服,里层不能出现褶裥影子。

图1-5-10　归扣缝熨烫　　　　　　图1-5-11　缩扣缝熨烫

(3) 部件定型熨烫技法

在半成品缝制过程中,一些部件和零件都要边缝制边进行熨烫定型,为下一道缝制工序创造条件,并为整件服装良好的工艺和质量打好基础。

半成品部件和零件的定型熨烫,主要运用分烫定型、压烫定型、伸拔定型和扣烫定型四种熨烫技法。

① 分烫定型技法(图1-5-12、视频1-5-7)

分烫定型的操作方法基本上与"分缝熨烫"相似。不同的是这种分烫定型主要运用于一些细小部位、特殊部位,如嵌线、扣眼、省道等的分烫定型。它有自己的特殊操作熨烫方法和要求。现以省缝分烫定型为例说明。

视频　1-5-7

a. 将衣片摆平,丝缕摆直顺,剪开省道。

b. 从剪开处插入手针,以便顺直分烫省尖。

c. 从省的最宽处起烫,省缝必须分开烫实,省尖部位出现的泡印"必须归烫平服"。

视频 1-5-8

② 压烫定型技法(图1-5-13、视频1-5-8)

压烫定型熨烫多用于半成品部件边缝止口和褶裥的压烫定型,要求烫实、烫薄。

图1-5-12 省道分烫定型

图1-5-13 褶裥压烫定型

③ 伸拔烫定型技法(图1-5-14、视频1-5-9)

半成品缝制过程中的归、拔熨烫定型主要有两个作用:一是在缝制过程中巩固裁片大部件的推、归、拔、烫塑型效果;二是对一些部件进行特殊需要的伸拔定型,如对裤腰、裙腰进行的伸拔熨烫定型。现以裤腰头的弧形伸拔熨烫定型为例说明。

视频 1-5-9

熨烫技法:

a. 熨斗沿腰头外口箭头方向进行弧形熨汤。

b. 不握熨斗的手按箭头方向将腰头外口边进行弧形拉伸,双手配合进行伸拔熨烫定型。

④ 扣烫定型技法(图1-5-15、视频1-5-10)

与前述扣烫技法一样,只是重点用于小部件、小零件,如肩襻、袖衩的熨烫等。

视频 1-5-10

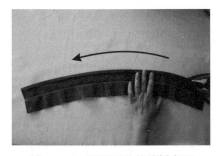

图1-5-14 弧形腰头伸拔烫定型

图1-5-15 宝剑头袖衩扣烫定型

第六节　常用车缝装饰工艺

车缝装饰工艺的形式很多,既有传统的滚、嵌、镶、宕,也有比较现代的缉线、缉花、荷叶边、蕾丝等的装饰。适当地运用车缝装饰工艺,会使服装增光添彩。下面介绍几种常用的车缝装饰工艺。

一、滚边装饰

滚边也叫滚条。它是利用滚条布将衣片的边缘包光作为装饰的一种缝纫工艺。滚边按宽窄、形状分,有窄滚、宽滚、单滚、双滚等多种。按滚条所用的材料及颜色分,有本色本料滚、本色异料滚、镶色滚等。它可用于所有服装的装饰,也可用于室内装饰品和服饰品的装饰,如箱、包、头饰、皮鞋等,可谓用处广泛。

1. 滚边布（斜条布）的裁剪和拼接（图1-6-1）

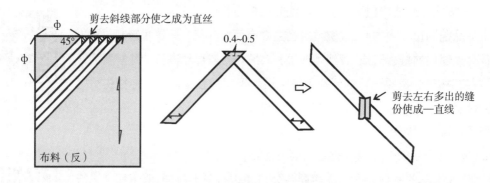

图1-6-1　滚边布的裁剪和拼接

滚边布最好采用薄型面料,在面料上按45°先画出一条线,再按要求的宽度平行画线;然后逐条剪下进行拼接。

2. 滚边制作工艺

根据设计要求,缝制的方法通常有以下几种:

（1）方法一

① 将滚边布与衣片正面相对进行车缝,缝线距衣片裁边的距离与滚边宽度相等,见图1-6-2（a）。

② 将滚条折转,在正面用别落缝的方法缉缝一条线,见图1-6-2（b）。

③ 折转后,将滚边的反面同时折转包光的称为双面滚边;反面不折光的称为单面滚边,见图1-6-2（c）。

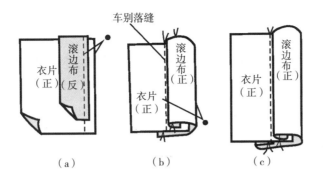

图1-6-2　滚边缝制方法一

（2）方法二

先将滚边布缝在衣片的反面,然后折向正面、同时折光滚边布的毛边,在滚条上缉缝一条0.1cm的线,见图1-6-3。

（3）方法三

用于内滚边和外滚边的缝制。内滚或外滚常用于领圈或袖窿等弧形部位。

① 先将滚边布沿宽度对折烫平,然后进行内滚或外滚,见图1-6-4（a）。

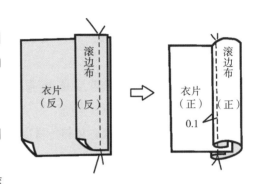

图1-6-3　滚边缝制方法二

② 内滚边是将滚边布放在衣片正面的边缘进行缉线,缉线距衣片裁边的宽度少于滚边宽0.2cm左右,然后将滚条折转到衣片的反面,再在滚条上缉缝一条0.1cm的线,见图1-6-4（b）。

③ 外滚边与内滚边相反,它是先将滚边布放在衣片反面的边缘,缉缝后,将滚条折转到衣片的正面,再在滚条上缉缝一条0.1cm的线,见图1-6-4（c）。

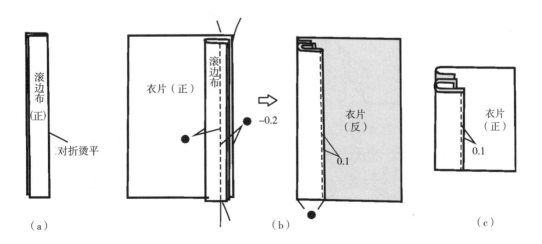

图1-6-4　滚边缝制方法三

二、镶边装饰

镶边又称镶条。它与滚边是有区别的,滚边是包住面料,而镶边则与面料对拼,或在中间镶一条,或镶在面料边缘的缝份上,或将镶条直接压缝在衣片上。镶边通常用于衣服的口袋、领子、门襟或衣片的某一部位,有暗缝镶、明缝镶、盖贴缝镶等形式。

1. 暗缝镶

直接将镶边布与面料拼接即可,见图1-6-5(a)。

2. 明缝镶

明缝镶工艺有多种形式:

① 先将镶边布与面料拼接,然后转到正面,在镶边布的边缘压明线,见图1-6-5(b)。

② 将衣片的缝份扣烫好,放在镶边布上,扣压0.1cm明线,见图1-6-5(c)。

3. 盖贴缝镶

① 将镶边布两侧扣烫成光边,再盖贴在衣片上压明线,可用于直线或弧线镶边,见图1-6-5(d)和图1-6-5(e)。

② 若是转角镶边,须先将转角拼接好并将两边扣烫成光边,再盖贴在衣片上压明线,见图1-6-5(f)。

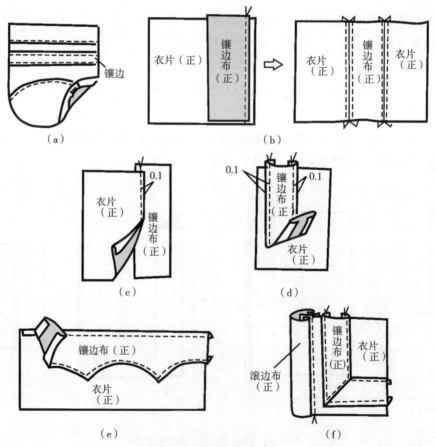

图1-6-5 镶边缝制方法

三、嵌线装饰

嵌线,是在衣片的边缘或拼接缝的中间嵌上一道带状的布条。它有外嵌和里嵌之分,外嵌是装在领、门襟、袖口等止口外面的嵌线,是应用最普遍的一种嵌线;里嵌是嵌在滚边、镶边、压条等里口或两块拼缝之间的嵌线。根据设计,嵌线布可选用本色本料、本色异料、异色本料,产生的效果是不同的。

具体操作步骤和方法如下:

1. 嵌线布的裁剪

嵌线布需45°正斜丝裁剪,宽度在1.7cm左右。

（1）裁剪要点

可采用图1-6-1的方法,也可采用以下方法裁剪斜条。

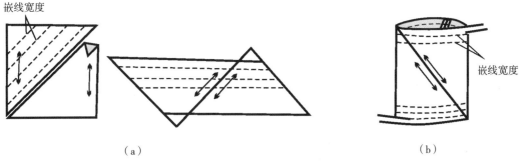

（a）　　　　　　　　　　　　　　　　　（b）

图1-6-6　嵌线布斜条裁剪要点

① 将正方形的布料对折剪开成两片,然后将两片布直丝与直丝相拼接,此方法适应于较长的嵌线,见图1-6-6（a）。

② 将剪好的面料拼接成筒状,然后根据嵌线布的宽度,按螺旋形自上而下剪下长条带状的嵌线布即可,见图1-6-6（b）。

（2）嵌线布的形式有两种

① 扁嵌:指嵌线内不衬线绳,因而呈扁形的嵌线。

② 圆嵌:指嵌线内衬有线绳,因而呈立体饱满的圆嵌线。

2. 缝制方法

（1）预缝法[图1-6-7（a）]

先将嵌线条预缝到衣片的正面（圆嵌时换用单边压脚）,然后将其反过来,放在另一衣片的上面,按照预缝的线迹,连同下层衣片一起再缝一道线。常用于外嵌线的缝制,其特点是嵌线的宽窄一致,不会弯曲。

（2）压盖缝法[图1-6-7（b）]

将嵌线布夹在两层衣片的中间,三者一起车缝住。常用于里嵌线的缝制。

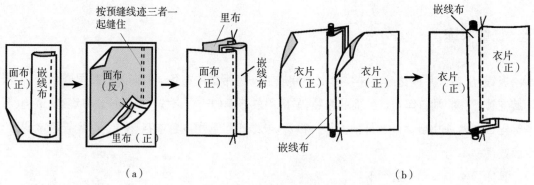

（a）

（b）

图1-6-7　嵌线缝制方法

3．里嵌线的缝制

（1）方法一［图1-6-8（a）］

先把嵌线斜条预缝到衣片分割线上部（拼接片）的正面，然后将缝份往里扣烫，整理嵌线宽度；然后将其盖压到前衣片上，压一道0.1cm的明线。

（2）方法二［图1-6-8（b）］

先把嵌线条预缝到分割线下部（前衣片）的正面，预缝线距缝边0.9cm，然后将衣片前育克的缝份按净线扣烫，将其盖住衣片分割线边缘的嵌线条上（注意要盖住预缝线），最后压一道0.1的明线。

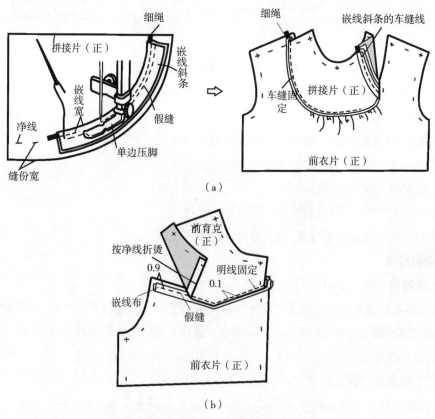

（a）

（b）

图1-6-8　里嵌线的缝制

4．领子外缘嵌线的缝制方法

① 先将内衬细绳的嵌线布用手针预缝到领子正面的边缘,若车缝需换用单边压脚,见图1-6-9（a）。

② 将领里与领面正面相对,沿嵌线布的预缝线车缝,然后修剪缝份留0.4cm左右,见图1-6-9（b）。

③ 将领子翻到正面,沿领子的外缘线车缝0.1cm压住缝份,见图1-6-9（c）。

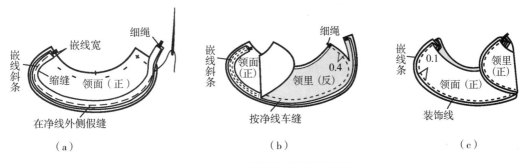

图1-6-9　领子外缘加嵌线的缝制

四、荷叶边和蕾丝装饰

荷叶边和蕾丝俗称为花边。荷叶边是用面料制成,宽度和起皱的形式随设计而有所不同。蕾丝是制成品,有素色也有彩色,质地有棉质、丝质和化纤等,形式多样、品种繁多。它们常用于女式服装、童装、礼服、室内装饰品中,有着极强的装饰效果。

1．荷叶边的制作

（1）荷叶边外边缘处理的常用方法

① 直接利用布边制作,见图1-6-10（a）。

② 密三线包缝,见图1-6-10（b）。

③ 折烫后包缝,见图1-6-10（c）。

④ 三折卷边车缝,见图1-6-10（d）。

⑤ 对折边,见图1-6-10（e）。

⑥ 边缘加蕾丝,见图1-6-10（f）。

（2）各种形式荷叶边的缝制

① 裁成直线制成抽褶波浪:见图1-6-11（a）。先将面料裁成直条,在一端修剪成圆弧状;再放长针距车缝两条线,抽紧底线使之成为细褶,最后用熨斗压烫,使细褶固定。

② 裁成直条制成顺裥:见图1-6-11（b）。按要求设计褶裥量,并折成顺裥,然后在荷叶边里侧手针假缝或车缝固定顺裥,最后用熨斗压烫。

③ 裁成曲线制成抽褶波浪:见图1-6-11（c）。将荷叶边里侧边缘长针距车缝一道线后,抽紧底线使之成为细褶,最后用熨斗压烫。

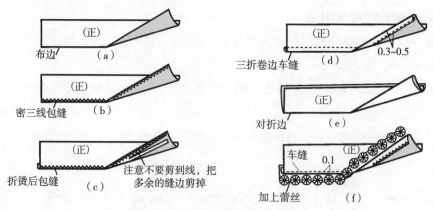

图1-6-10　荷叶边外的边缘处理

④ 裁成曲线制成波浪：见图1-6-11（d）。这种形式要求荷叶边里侧边缘的长度稍短于拼接线的长度，缝制时将荷叶边里侧稍加拉伸，这样会使荷叶边外侧呈现漂亮的波浪。

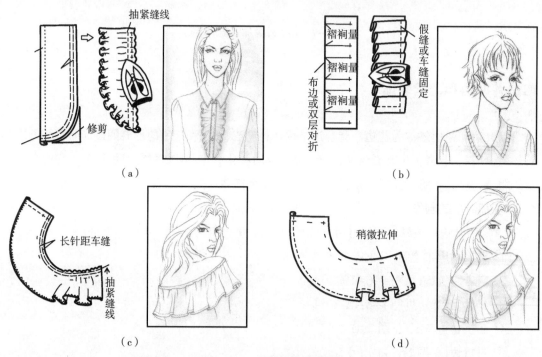

图1-6-11　荷叶边外的缝制

2. 蕾丝或荷叶边的镶嵌

（1）夹嵌法

此法主要用于领子边缘、袖口边缘，将花边夹嵌在表里布的中间。方法是先将蕾丝或荷叶边用手针假缝或车缝到领面或袖克夫面的正面，然后把领面与领里、袖克夫面与袖克夫里正面相对，沿边车缝；最后翻到正面即可，见图1-6-12（a）。

要求在转弯的部位，蕾丝或荷叶边的细褶量要多抽一些，见图1-6-12（b）。领子或袖克夫的正面是否需要压线，可根据设计而定。

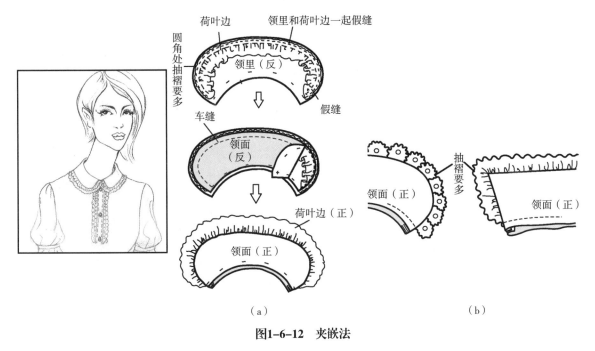

（a）

（b）

图1-6-12 夹嵌法

（2）盖嵌法

主要用于衣片分割线的部位。方法是先将蕾丝或荷叶边预缝在下部衣片上，然后将上部衣片的边缘折烫成光边，贴盖在花边上，最后沿边扣压缝将上下部连同花边一起固定。图1-6-13（a）为直线形单层盖嵌法。图1-6-13（b）为弧线形单层盖嵌法。图1-6-13（c）为多层盖嵌法。

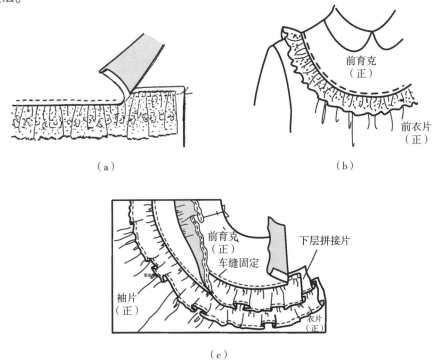

（a）

（b）

（c）

图1-6-13 盖嵌法

（3）逐层盖贴法

常在服装的某一部位需多层装饰时使用。方法是先将最下面的一层花边缝好，然后将其他花边按顺序一层一层地接盖上去。为使贴盖的花边位置准确，最好用大头针或手缝针先将花边在所需位置假缝固定后再车缝。花边盖住的衬布，应以较薄的半透明面料为宜，如网眼布、尼龙纱、珠罗纱等，使花边的装饰效果更好。

图1-6-14（a）是采用网眼布作为衬布。

图1-6-14（b）为三层宽蕾丝层叠的缝制。

（a）

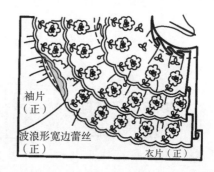

（b）

图1-6-14 逐层盖贴法

（4）压缝法

将花边直接覆盖在衣片上，并在花边上压缝，将花边与衣片缝在一起。它有以下几种形式：

① 平压缝：把花边拉平缝到衣片上。有单层花边单边压缝、多层花边重叠压缝、褶裥中夹缝花边等，见图1-6-15（a）。

② 抽褶压缝：先在花边的中间抽褶，再将其直接缝到衣片上，在缝制时可用锥子推送花边，使抽褶均匀，见图1-6-15（b）。

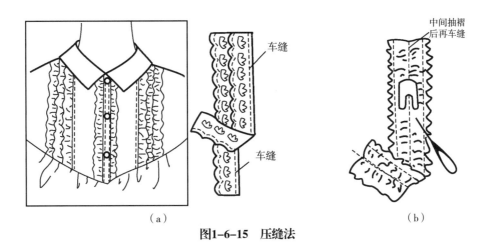

图1-6-15　压缝法

（5）拼嵌法

是将花边嵌镶在衣片中间，即两边是衣片，中间镶上花边。嵌镶的形式有以下几种：

① 衣片压花边（暗缝），正面没有线迹，见图1-6-16（a）。

② 衣片压花边（明缝），正面有0.1cm的明线迹，见图1-6-16（b）。

③ 花边压衣片，见图1-6-16（c）。

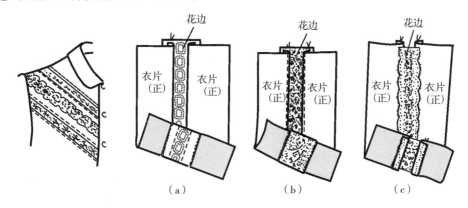

图1-6-16　拼嵌法

（6）抽褶式宽花边缝制法

先将宽花边与衣片缝合，然后在宽花边与衣片的接缝处，再压一条可以穿缎带的窄花边，见图1-6-17。

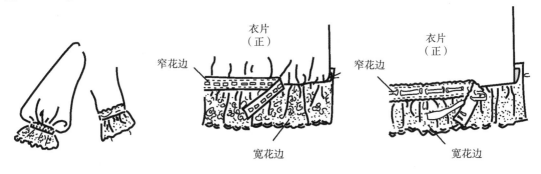

图1-6-17　抽褶式宽花边缝制法

五、褶裥装饰

褶裥按种类分有明褶裥、暗褶裥；按方向分有横向褶裥、纵向褶裥、斜向褶裥等。它既可用于衣片的某一部位、也可用于服装的某一部件上。由于褶裥的类别不同，其缝制方法也不同。

（1）明褶裥

先将褶裥按折量烫好（褶裥的倒向依设计而定），然后将其与另一衣片缝合，见图1-6-18（a）。

（2）暗褶裥

将褶裥按其大小在反面车缝固定，然后在正面将其烫倒（褶裥的倒向依设计而定），再将它与另一衣片缝合，见图1-6-18（b）。

（3）车明线的暗褶裥

在暗褶裥的基础上，根据需要在正面将褶裥车明线装饰，见图1-6-18（c）。

（4）纵向褶裥和斜向褶裥

在裁剪有方向性褶裥的衣片时，要先将纸样折叠成褶裥后，再按裁剪样板进行画样裁剪，这样不会造成褶量的不足。

图1-6-18（d）为纵向褶裥的裁剪方法。

图1-6-18（e）为斜向褶裥的裁剪方法。

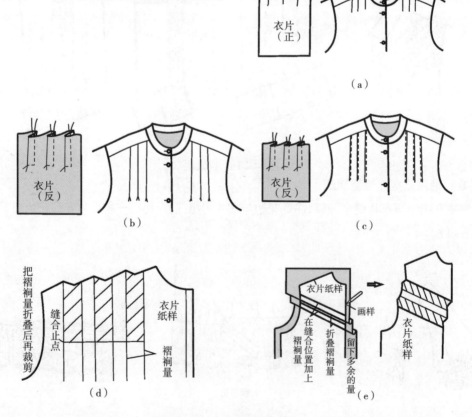

图1-6-18　褶裥缝制方法

六、搭克缝装饰

搭克实际上就是在细条褶裥上压明线后均匀排列而成，褶裥的宽度为0.1 ~ 0.2cm。常用于女装、童装及其服饰品的设计中（图1-6-19）。

操作要点：先根据塔克线的数量确定放出的总量，再粗略地加以裁剪，然后在裁片的塔克线位置车缝并熨烫，最后按衣片的样板在车缝后的裁片上加以精确的裁剪。

（1）裁剪

在衣片上放出褶裥总量后，再粗略地加以裁剪，方法见图1-6-20（a）。

（2）作记号

在衣片褶裥位置的上下剪口作记号，然后用熨斗逐条烫出褶峰，见图1-6-20（b）。

（3）车缝塔克线

先在烫出的褶峰上缉0.2cm的明线；然后用熨斗将褶裥往一边折倒烫平见图1-6-20（c）。

（4）精确裁剪

将裁剪样板放在车缝好塔克线的裁片上，再进行精确裁剪，见图1-6-20（d）。

图1-6-19 搭克缝的外形

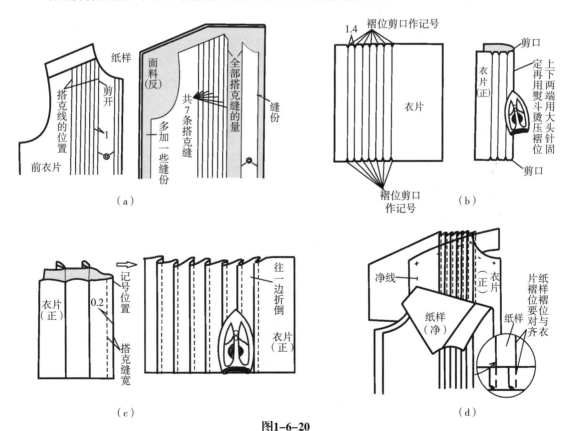

（a）　　　　　　（b）

（c）

图1-6-20　　　　　　（d）

七、缩缝装饰

缩缝是指用松紧带与衣片一起车缝或底线使用橡胶松紧线车缝,使衣片产生抽缩的效果。它常用于女装或童装的袖口、口袋、腰围等部位或部件的装饰,见图1-6-21。

图1-6-21 缩缝装饰的外形

操作要点:面料缩缝后的长度要比缩缝前短得多,因此在正式缝制前须进行测试,确定缩缝前面料的长度。面料的厚薄程度及松紧带的长度都会对缩缝的效果产生影响。

1. 使用松紧带缩缝

① 先将松紧带、衣片需缩缝的部位分别作相同等分,见图1-6-22（a）。

② 用大头针将松紧带与衣片的等分点固定,然后拉长松紧带与衣片一道车缝,见图1-6-22（b）。

③ 窄松紧带可车一道线,宽松紧带根据宽度可以车两道或三道缝线,见图1-6-22（c）。

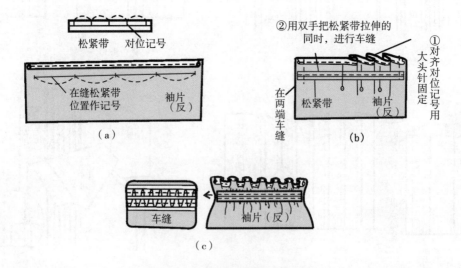

图1-6-22 使用松紧带的缩缝方法

2. 使用橡胶松紧底线缩缝

① 将橡胶松紧线均匀地伸展后平坦地绕在梭芯上,由于橡胶松紧线较一般缝纫线粗,故需旋松梭芯的张力调节螺丝,以用手稍用力一拉便可出线的程度即可。然后进行试缝,确定针距的大小,见图1-6-23(a)。

② 缝制的次序:从靠近衣片边缘的一条开始缉线,依次逐条进行。缉线时要用双手上下拉紧衣片,使缉线部位的衣片始终处于平整状态,便于操作。每条线开始与结束时,都需将底面线留出一定的长度,然后将面线引入反面,与松紧底线打结固定,见图1-6-23(b)、(c)。

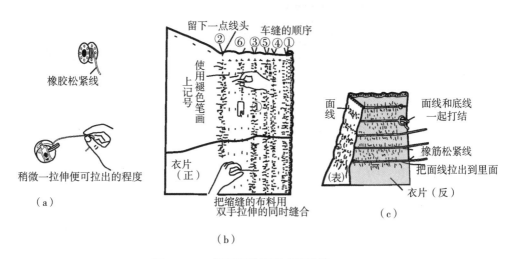

图1-6-23　使用橡胶松紧底线缩缝

八、盘花装饰

盘花装饰也叫纽襻条装饰。它是先将布条缝成带状的纽襻条(扁形),然后将它盘曲成各种图案钉缝到衣服上作为装饰;也可用于衣服上的连排扣襻。

具体操作方法如下:

(1)纽襻条的裁剪

纽襻条需45°正斜丝裁剪,通常薄料宽度为1.6cm。方法参见本节"滚边装饰(斜条布)的裁剪"。

(2)纽襻条的制作

将斜条宽度对折,按0.3cm左右的缝份缝合,然后修剪缝份留0.15cm左右。一端口子的缝份稍窄,使翻折口显得稍宽,便于翻出。长襻条翻向正面有一定困难,可用一根铅丝,在头上弯成一个小钩子,将钩子从襻条口稍宽的一端穿过襻条中间钩住襻条的另一端,再将其拉出翻到正面,见图1-6-24(a)。

(3)钉缝

钉缝盘花图案的底布最好使用透明或半透明的珠罗纱、帐子布、网眼布,这样会产生虚实结合的效果,见图1-6-24（b）。襻条按所设计的图案进行盘花时,需用手缝针钉缝固定。襻条不够长时,在叠缝的地方可以拼接。

（4）连排扣襻的缝制

将襻条按纽扣的直径确定扣襻的大小,并连续排列在衣片的正面,用缝纫机将其预缝固定,然后将另一衣片与它一道缝合,翻到正面即可,见图1-6-24（c）。

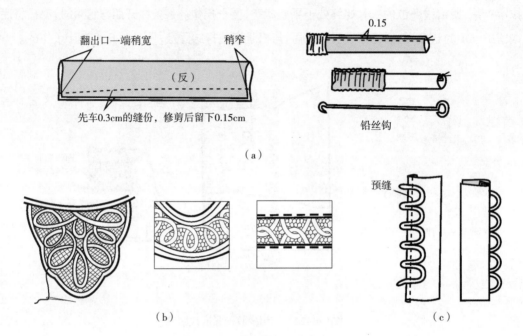

图1-6-24　盘花装饰操作要点

第二章

口袋缝制工艺

第一节 贴袋缝制工艺

贴袋,是在服装的某一部位贴缝一块袋布而成。它式样、种类繁多,有长方形、斜形、椭圆形、圆形、三角形等各种几何图形的平贴袋,也有立体贴袋。在贴袋上除可附加袋盖外,还可做嵌线、褶裥等装饰。

1. 尖底贴袋

常用于衬衫、两用衫、牛仔裤等服装中,若在袋面上缉缝装饰图案可增强视觉装饰效果,见图2-1-1。

（1）制图、放缝（图2-1-2）

按净样板,袋口贴边放缝3.5cm,其余三边放缝1cm,口袋贴边左右角斜线部位剪掉。

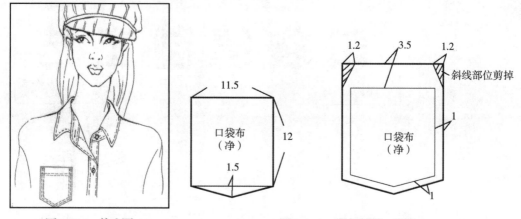

图2-1-1 款式图　　　　　图2-1-2 袋布制图、放缝

（2）扣烫贴袋、车缝固定袋口贴边

① 按净样板扣烫袋口贴边,见图2-1-3（a）。

② 车缝固定袋口贴边,见图2-1-3（b）。

③ 按净样板扣烫袋四周的缝份,见图2-1-3（c）。

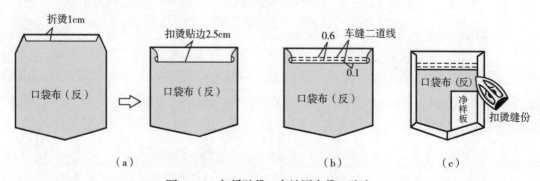

（a）　　　　　　（b）　　　　　　（c）

图2-1-3 扣烫贴袋、车缝固定袋口贴边

（3）车缝固定袋布

将袋布放在衣片的袋位上，按0.1cm + 0.6cm车缝双明线固定，在袋口处稍留空隙，以保证穿着后袋布的平整，见图2-1-4。

2. 明褶裥贴袋

明褶裥贴袋常用于休闲类外衣、裤子等服装中，款式见图2-1-5。

（1）袋布制图、放缝

① 制图，见图2-1-6（a）。

② 袋盖放缝，见图2-1-6（b）。

③ 袋布放缝，见图2-1-6（c）。

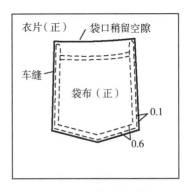

图2-1-4　车缝固定袋布

图2-1-5　款式图

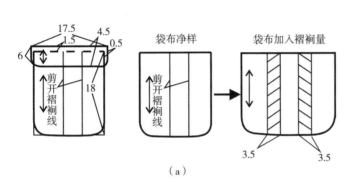

（a）

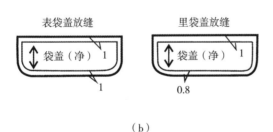

（b）

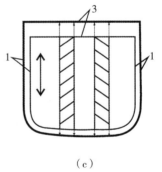

（c）

图2-1-6　袋布制图、放缝

（2）扣烫袋布

① 烫袋布褶裥。按褶裥剪口位置扣烫褶裥，见图2-1-7（a）。

② 车缝固定褶位。在袋布反面，将褶裥的烫迹线车0.1cm车缝固定；然后车缝固定上、下端褶裥，距边0.5cm车缝；最后放长针距，距边0.5~0.6cm车缝两圆角，目的是便于袋布圆角的扣烫，见图2-1-7（b）。

③ 扣烫袋布。三折扣烫袋口贴边，先1cm再2cm；再将圆角处长针距缝线在扣烫时抽紧面线，可使袋两圆角圆顺，见图2-1-7（c）。

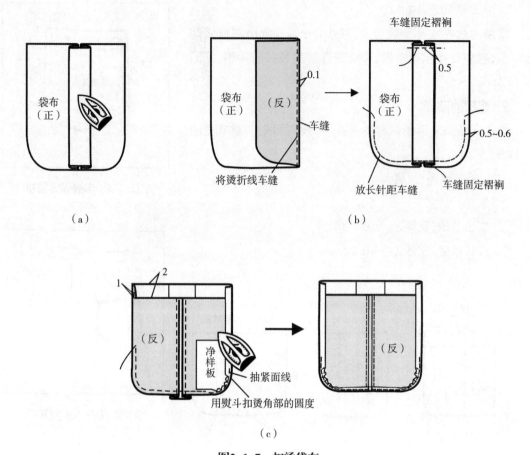

图2-1-7 扣烫袋布

（3）车缝固定袋布贴边和贴袋

① 车缝固定袋布贴边。在袋布反面，展开两侧折边，距袋布内折边0.1cm车缝固定，见图2-1-8（a）。

② 车缝固定贴袋。先按样板在衣片上画出袋盖和袋布的位置。将贴袋放在衣片的袋位上，距边0.5cm沿三边车缝固定袋布，见图2-1-8（b）。

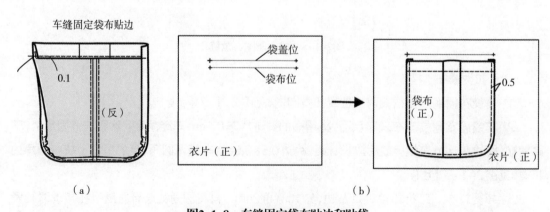

图2-1-8 车缝固定袋布贴边和贴袋

（4）缝制袋盖

① 袋盖烫黏衬、画净线。表袋盖反面烫黏合衬，里袋盖反面按袋盖净样板画线，见2-1-9（a）。

② 缝合袋盖。里袋盖反面在上，将表、里袋盖正面相对并对齐四周，按净线车缝，注意里袋盖两圆角要稍紧，见2-1-9（b）

③ 翻烫袋盖。先修剪缝份留0.7cm，两圆角修剪留0.3～0.5cm；然后将表袋盖朝上，用净样板扣烫成里外匀；最后将袋布翻到正面，里袋盖朝上，里袋盖退进0.1cm烫成里外匀。要求两圆角左右对称，圆顺一致，见2-1-9（c）。

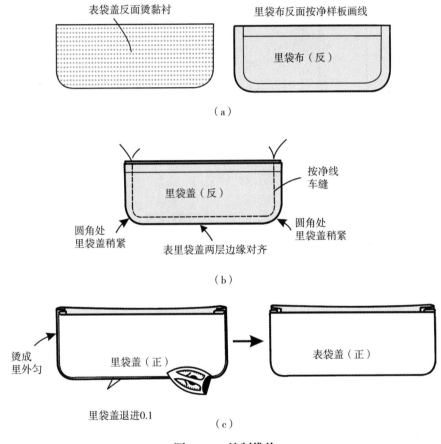

图2-1-9 缝制袋盖

（5）车缝固定袋盖

① 车缝袋盖止口线。将表袋盖朝上，沿袋盖止口距边0.5cm车明线，见图2-1-10（a）。

② 固定袋盖第一条线。先把里袋盖朝上，画出净线，距净线0.5cm车缝，要求里袋盖稍紧成窝装。然后将袋盖口两端对准袋盖位记号，按里袋盖的净线车缝固定；最后修剪缝份留0.3cm，见图2-1-10（b）。

③ 固定袋盖第二条线。把袋盖翻下，使表袋盖朝上，在表袋盖翻折边上再车0.5cm固定袋盖，见图2-1-10（c）。

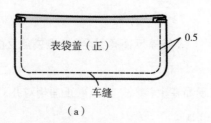

（a）

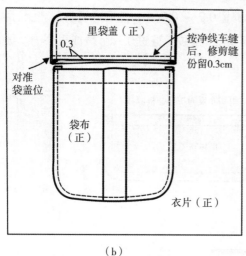

（b）

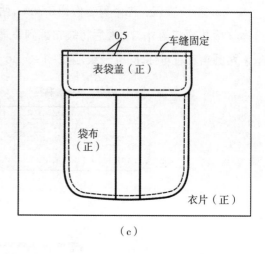

（c）

图2-1-10 车缝固定袋盖

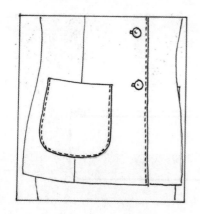

图2-1-11 款式图

3. 有明线的外套贴袋

此贴袋有袋里布,袋布周围车明线。常用于有里布的上衣、外套、大衣中,袋里布宜采用柔软、轻薄滑爽的里子布,款式见图2-1-11。

（1）袋布制图、放缝

① 袋布净样板制图见图2-1-12（a）。

② 表袋布放缝见图2-1-12（b）。

③ 里袋布放缝见图2-1-12（c）。

④ 表袋布的贴边烫黏合衬,见图2-1-12（d）。

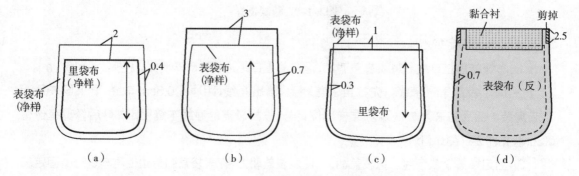

（a）　　　　（b）　　　　（c）　　　　（d）

图2-1-12 袋布制图、放缝

（2）制作口袋

① 按表、里袋布的净样板分别扣烫表、里袋布,见图2-1-13（a）。

② 把里袋布放在表袋布上,使表袋布的袋口贴边留2cm,沿里袋布袋口折边车缝0.1cm固定,见图2-1-13（b）。

③ 再将扣烫后的里袋布的缝份用假缝线固定以防变形,见图2-1-13（c）。

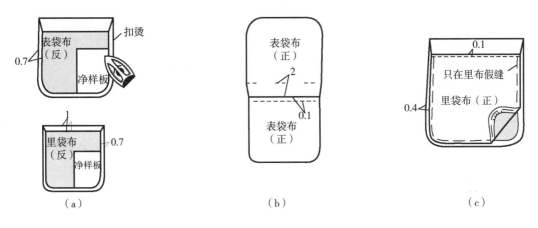

图2-1-13　制作口袋

（3）车缝固定里袋布

① 在衣片正面用划粉画出里袋位置,见图2-1-14（a）。

② 将衣片放在布馒头上,里袋布对准衣片里袋位线（划粉印）,先假缝固定再车缝,最后拆去假缝线,注意袋口布要稍留空隙,见图2-1-14（b）。

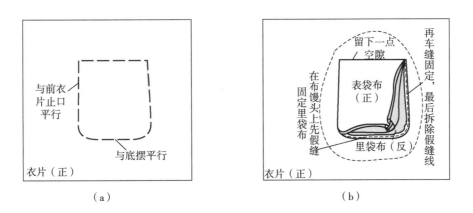

图2-1-14　车缝固定里袋布

（4）车缝固定表袋布

① 将表袋布盖住里袋布,距边手针假缝固定,见图2-1-15（a）。

② 在表袋布周围用0.1或0.2cm的明线车缝固定,最后拆去假缝线,见图2-1-15（b）。

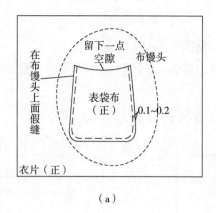

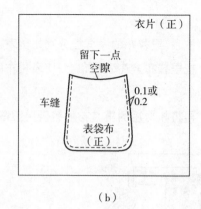

（a）　　　　　　　　　　　（b）

图2-1-15　车缝固定表袋布

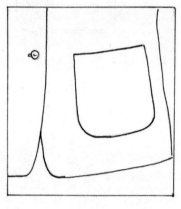

图2-1-16　款式图

4. 无明线的外套贴袋

此贴袋有袋里布,袋布周围无明线。常用于有里布的男女西服、外套、大衣中,袋里布宜采用柔软、轻薄滑爽的里子布,见图2-1-16。

（1）袋布制图、放缝

① 袋布制图见图2-1-17（a）。

② 表、里袋布放缝见图2-1-17（b）。

③ 制作扣烫样板。表袋布扣烫样板按制图净样板;里袋布扣烫样板要比表袋布扣烫样板小0.3cm、上口小2cm,见图2-1-17（c）。

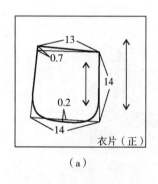

（a）

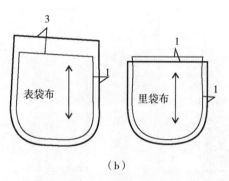

（b）　　　　　　　　　　（c）

图2-1-17　袋布制图、放缝

（2）扣烫贴袋布

① 扣烫表袋布。先将表袋布上口的两袋角剪去,再将表袋布的圆角处放长针距车缝后抽缩,然后用表袋布净样板扣烫,见图2-1-18（a）。

② 扣烫里袋布。将里袋布的圆角处放长针距车缝后抽缩,用里袋布净样板扣烫,见图2-1-18（b）。

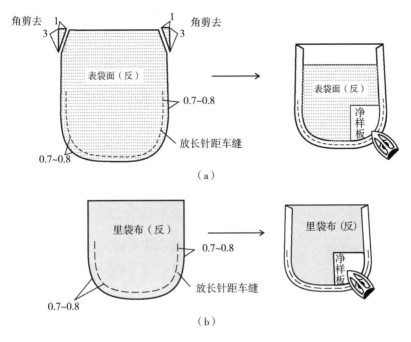

图2-1-18　扣烫贴袋布

（3）缝制贴袋

① 画袋位。在前衣片正面用划粉画出袋位，见图2-1-19（a）。

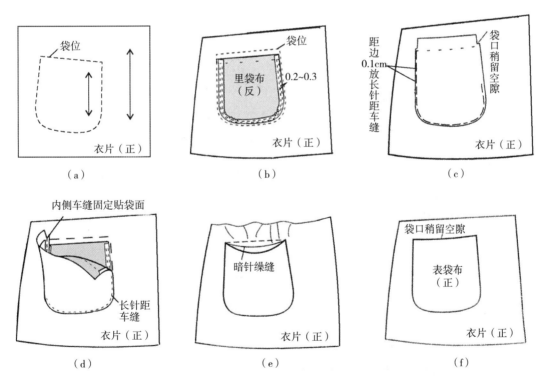

图2-1-19　缝制贴袋

② 车缝固定里袋布。在离袋位净线0.2~0.3cm处,车缝固定里袋布,车缝线两道,分别为0.1cm和0.5cm,见图2-1-19(b)。

③ 放长针距固定表袋布。将表袋布按袋位放好,注意袋口要稍留空隙,距边0.1cm长针距固定表袋布,注意表袋布的一侧不要车缝,见图2-1-19(c)。

④ 车缝固定表袋布。翻开表袋布,从内侧沿长针距缝线边缘车缝固定表袋布,然后拆除表面的长针距线迹,见图2-1-19(d)。

⑤ 手缝固定表、里袋布。将表袋布与里袋布的袋口处用手缝针暗缲缝,见图2-1-19(e)。

⑥ 熨烫贴袋:袋口稍留空隙,以人体穿着后口袋呈现自然贴体为标准。要求完成的贴袋平整,丝缕顺直,圆角处圆顺,饱满,见图2-1-19(f)。

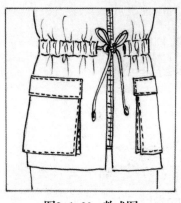

图2-1-20 款式图

5. 立体贴袋

此袋的特点是在袋布的边沿加上袋侧布,呈现较好的立体效果。适合于上衣、背心或便裤等休闲类服装,见图2-1-20。

（1） 袋布制图、放缝及裁剪

① 袋布和袋盖制图,见图2-1-21(a)。

② 袋布和袋侧布放缝,见图2-1-21(b)。

③ 袋盖布表里相连裁剪,表袋盖部分烫黏衬,并过中心0.7cm,图2-1-21(c)。

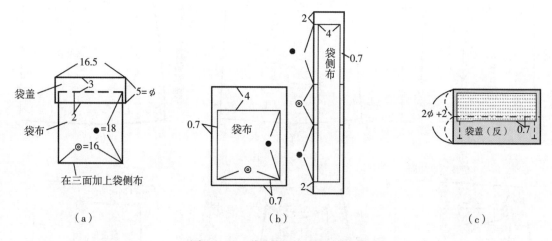

（a）　　　　　　　　（b）　　　　　　　　（c）

图2-1-21 袋布制图、放缝及裁剪

（2） 缝制袋侧布

先将袋侧布的上下两端三线包缝,然后折进2cm烫平,再将袋侧布的长边对折一半烫平后沿烫痕车缝0.1cm,最后将其中一缝边扣烫0.7cm的缝份,见图2-1-22。

（3）袋侧布与袋布缝合

先将袋布的上口三折边烫平后,距边车1.8cm的缝线。然后将袋侧布未经扣烫的一侧边与袋布（除上口以外）的三边缝合,注意在两袋底转角处,袋侧布要剪口,见图2-1-23。

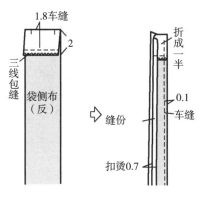

图2-1-22　缝制袋侧布

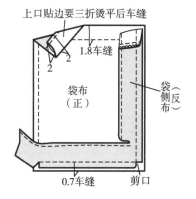

图2-1-23　袋侧布与袋布缝合

（4）车缝装饰线

在袋布的边缘车缝0.1cm装饰明线,见图2-1-24。

（5）缝制袋盖

① 将袋盖表里正面相对,里袋盖两侧拉出0.2cm,使表袋盖略松,按0.9cm的缝份车缝两侧,见图2-1-25（a）。

② 将袋盖翻到正面,里袋盖两侧退进0.1cm,两侧烫成里外匀,见图2-1-25（b）。

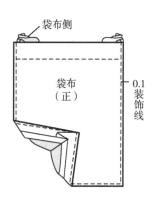

图2-1-24　袋布车装饰明线

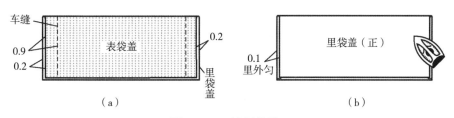

图2-1-25　缝制袋盖

（6）袋布、袋盖与衣片缝合

① 先在衣片上分别画出贴袋和袋盖的位置,见图2-1-26（a）。

② 将袋侧布车缝固定在衣片的袋位上,然后在袋布上口两角重叠袋侧布连下面的衣片一起车缝固定,见图2-1-26（b）。

③ 将缝制好的袋盖按袋盖位置与衣片车缝固定,最后在袋盖上车装饰明线固定,见图2-1-26（c）。

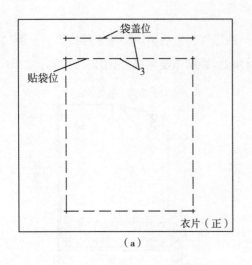

（a）

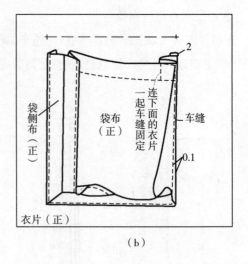

（b）

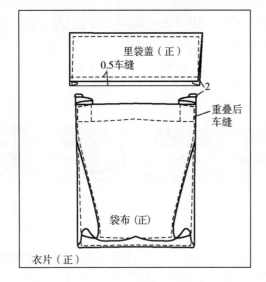

（c）

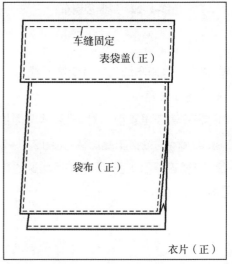

图2-1-26　袋布、袋盖与衣片缝合

第二节　挖袋缝制工艺

挖袋又称开袋,是在完整衣片的袋口部位将衣片剪开,内衬袋布缝制而成。它的式样有单嵌线、双嵌线,同时可以附有各种式样的袋盖；还有手巾袋、箱形挖袋等。

一、挖袋缝制要点

1. 袋位烫黏合衬
由于挖袋要在完整的衣片上剪开,故需在开剪的袋位处反面烫上无纺黏合衬,以防布丝脱散,见图2-2-1。

2. 袋位两端剪口
袋位两端要剪成Y型,剪口时剪刀头要剪到位,避免剪断缝线。剪开后的三角布要完全拉出,再车回针缝2~3道线固定,见图2-2-2。

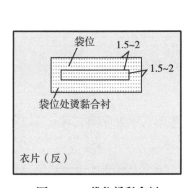

图2-2-1　袋位烫黏合衬

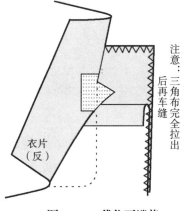

图2-2-2　袋位两端剪口

二、挖袋的袋口布形式

挖袋的袋口布形式主要有:单嵌线、双嵌线、箱形、单嵌线加袋盖、双嵌线加袋盖等,袋口布的工艺处理方法也有多种,具体如下。

1. 单嵌线挖袋
单嵌线袋口布的工艺形式有:袋口布四周无明线和袋口布四周车明线之分,见图2-2-3。

2. 双嵌线挖袋
双嵌线袋口布的工艺形式有:袋口布四周无明线和袋口布四周车明线之分,见图2-2-4。

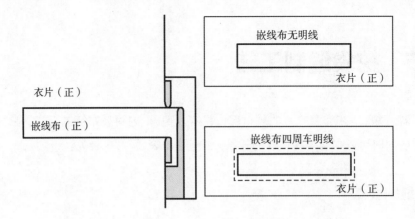

图2-2-3 单嵌线袋口布的工艺形式

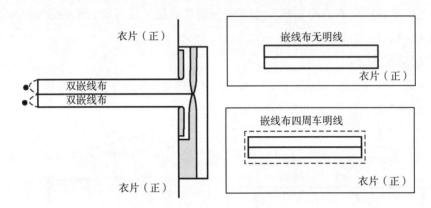

图2-2-4 双嵌线袋口布的工艺形式

3. 箱形挖袋

箱形挖袋袋口布有纵向、横向、斜向等款式,其工艺形式不外乎有三种:袋口布两端车单线、袋口布两端车双明线、只固定袋角两上端,见图2-2-5。

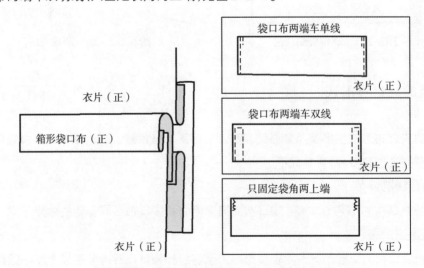

图2-2-5 箱形挖袋袋口布的工艺形式

三、加袋盖的挖袋

1. 单嵌线加袋盖

单嵌线挖袋加袋盖的工艺形式有袋口布四周无明线和袋口布四周车明线之分,见图2-2-6。

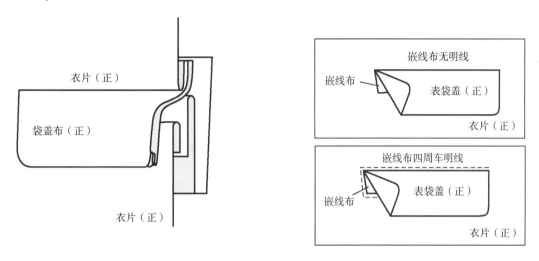

图2-2-6 单嵌线挖袋加袋盖的工艺形式

2. 双嵌线加袋盖

双嵌线挖袋加袋盖的工艺形式有袋口布四周无明线和袋口布四周车明线之分,见图2-2-7。

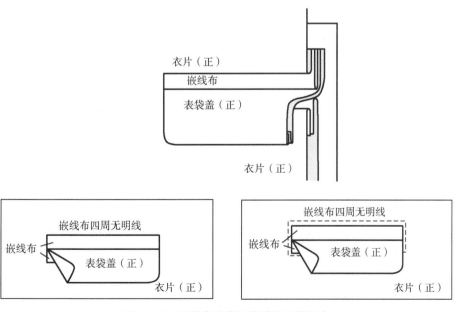

图2-2-7 双嵌线挖袋加袋盖的工艺形式

图2-2-8 款式图

四、挖袋具体款式的缝制工艺

1. 单嵌线挖袋

此袋可应用于薄形面料的上衣、裤子等服装中,嵌线布与袋布连裁,采用与面料同布(如需突出嵌线与衣身不同,也可选用镶色布),嵌线的宽度可根据需要进行选择,款式见图2-2-8。

(1)制图及裁剪

① 袋位黏衬的裁剪见图2-2-9(a)。

② 袋布的裁剪见图2-2-9(b)。

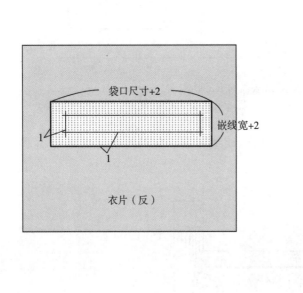

(a)

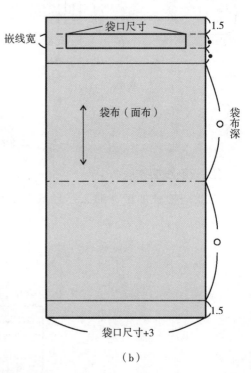

(b)

图2-2-9 黏衬及袋布裁剪

(2)袋布与衣片缝合

① 先在衣片袋位的反面烫黏衬,然后将袋布与衣片正面相对,按袋位缝合。要求针距细密,缝到转角时针要直角插入后再转弯;缝到最后时要与开始缝的线迹重叠3~4针,见图2-2-10(a)。

② 从袋口中心将袋布与衣片一起剪开至离袋口边0.5cm左右,再向直角处剪三角。注意,剪口要到位,不能剪断角部的缝线,见图2-2-10(b)。

③ 从剪口处将袋布翻到衣片的反面,见图2-2-10(c)。

④ 在袋布上烫出嵌线宽,要求顺直,见图2-2-10(d)。

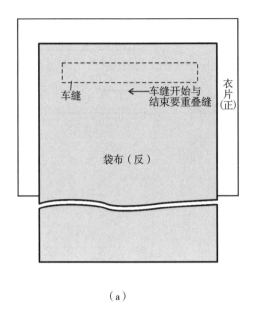

（a）

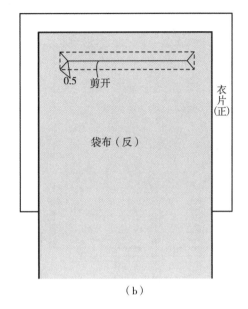

（b）

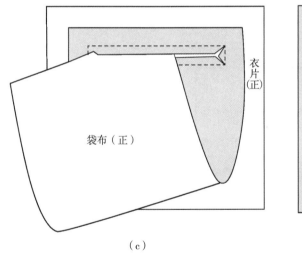

（c）

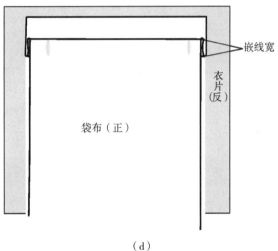

（d）

图2-2-10 袋布与衣片缝合

（3）制作嵌线布

① 用熨斗将衣片与袋布下侧缝部位的缝头分烫,见图2-2-11(a)。

② 将袋布折出单嵌线布的宽度,再烫平,要求嵌线布宽度一致,见图2-2-11(b)。

③ 在衣片正面的嵌线缝旁及袋口两端,用手针假缝临时固定,见图2-2-11(c)。

④ 掀起衣片,将衣片的缝头与袋布缝合,再从正面车漏落缝固定嵌线（也可选择不车漏落缝）,最后拆去假缝线,见图2-2-11(d)。

⑤ 将袋布上下两层对齐,袋布放平整后如图假缝,见图2-2-11（e）。

⑥ 掀开衣片,将衣片的缝头与袋布缝合,见图2-2-11（f）。

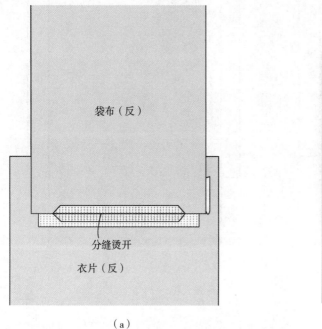

（a）

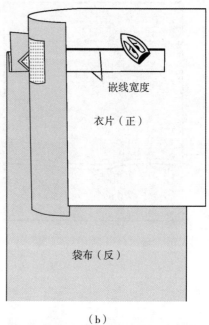

（b）

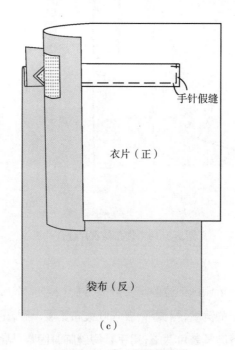

（c）

图2-2-11①　制作嵌线布

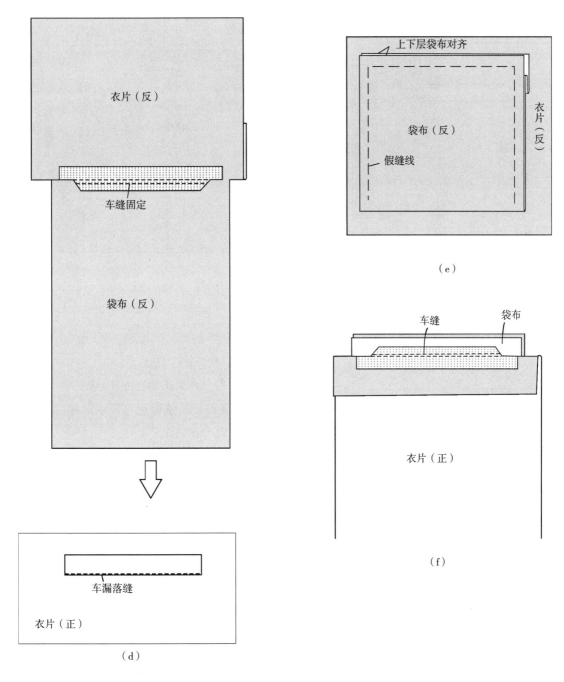

衣片（反）

车缝固定

袋布（反）

车漏落缝

衣片（正）

（d）

上下层袋布对齐

袋布（反）

假缝线

衣片（反）

（e）

车缝　　袋布

衣片（正）

（f）

图2-2-11②　制作嵌线布

（4）缝合袋布

① 掀开衣片，从三角布开始缝合袋布，袋底角要缝成圆弧状，以防袋底灰尘堆积，为增加牢度，宜缝两道线，见图2-2-12（a）。

② 除袋底外,袋布其余三边三线包缝,见图2-2-12(b)。

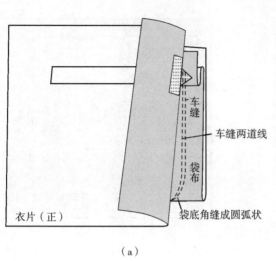

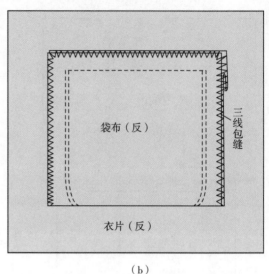

（a）

（b）

图2-2-12　缝合袋布

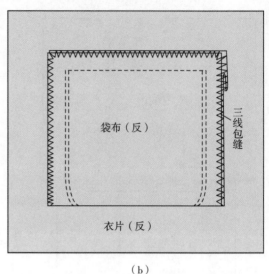

图2-2-13　款式图

2. 双嵌线挖袋

双嵌线挖袋可应用于有里布的上衣中,袋布宜采用白色涤棉布,嵌线的宽度和长度依设计可灵活选择,款式见图2-2-13。

（1）裁剪

① 嵌线布裁剪。丝缕的选用可根据需要选择直丝或斜丝,斜丝嵌线布通常用于条格面料,既可选用本色面料也可异色,见图2-2-14（a）。

② 袋垫布裁剪,见图2-2-14（b）。

③ 袋布的裁剪,袋布选用里料或涤棉袋布,见图2-2-14（c）。

④ 袋位黏衬的裁剪与黏合。袋位黏衬的丝缕与衣片一致,见图2-2-14（d）。

⑤ 嵌线布黏衬的丝缕与嵌线布一致。黏合衬黏合后,居中画出袋口的长与嵌线的宽,并在袋口画出中线A,再将中线A从一侧剪至另一侧距边0.5cm处(不要剪到底),见图2-2-14（e）。

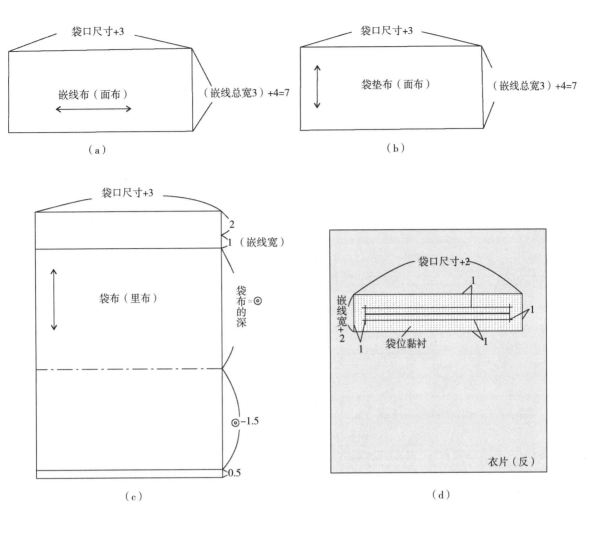

图2-2-14 裁剪

（2）制作嵌线

① 先在衣片正面的袋位处,按袋口尺寸画出袋口和袋口中线B。再将嵌线布与衣片正面相对,对齐袋口线A和B及袋角两端,见图2-2-15（a）。

② 嵌线布与衣片车缝。沿画线车缝上下平行的两条袋口线,注意缝线两端需回针固定,最后将嵌线布中线剪到底,见图2-2-15（b）。

③ 衣片袋位剪口。将嵌线布的缝份翻开,将衣片袋位的中线剪开,两端剪成Y形,注意不要剪断缝线,见图2-2-15 (c)。

④ 从剪口处将嵌线布翻到反面,见图2-2-15 (d)。

⑤ 将嵌线布的缝份烫开后,整理嵌线的宽度,单条嵌线的宽度为0.5cm (也可根据需要选用不同的宽度)。注意上下嵌线等宽,最后用熨斗烫平嵌线布,见图2-2-15 (e)。

⑥ 在衣片正面,将上下嵌线用手针假缝固定,见图2-2-15 (f)。

⑦ 将袋布下侧的衣片掀开,把分烫后衣片的缝份与嵌线布沿车缝线车缝固定或翻到正面沿缝合线车漏落针固定,见图2-2-15 (g)。

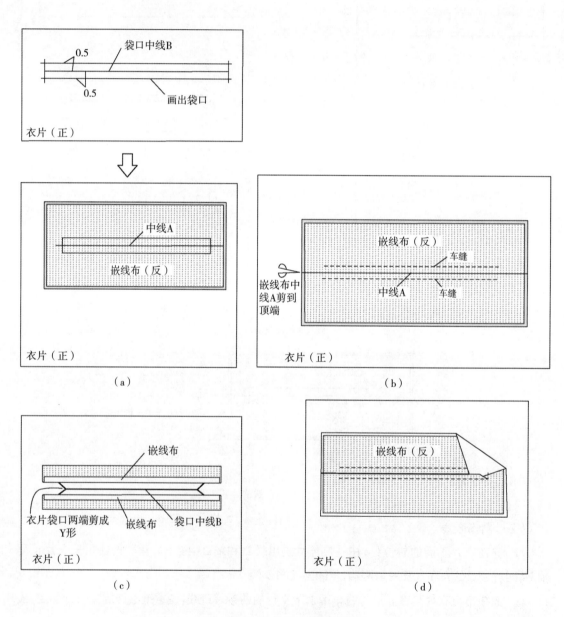

图2-2-15① 制作嵌线

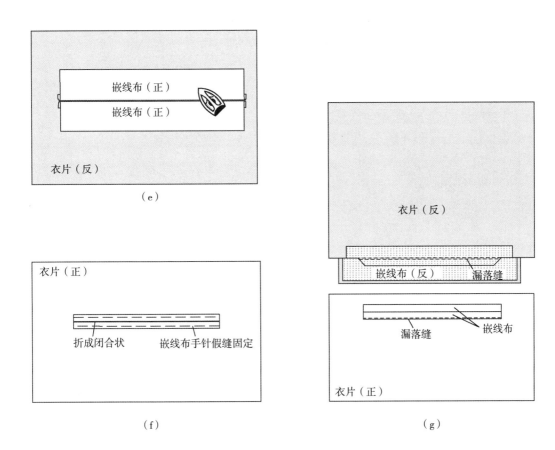

图2-2-15② 制作嵌线

（3）装袋布和袋垫布

① 下方嵌线布与袋布的一端缝合，缝头0.5cm，见图2-2-16（a）。

② 袋布的另一端放上袋垫布（袋垫布一端需三线包缝），对齐边沿后车缝固定，见图2-2-16（b）。

③ 把袋布往上折（检查袋垫布与袋布是否平齐），将袋垫布、嵌线布和袋布一起假缝固定，见图2-2-16（c）。

④ 掀开衣片至反面，先把嵌线布的缝头与袋垫布沿D线车缝固定，再车缝固定两端的三角布C线，最后将袋布的两侧车缝两道线固定，见图2-2-16（d）。

⑤ 完成后的袋布，见图2-2-16（e）。

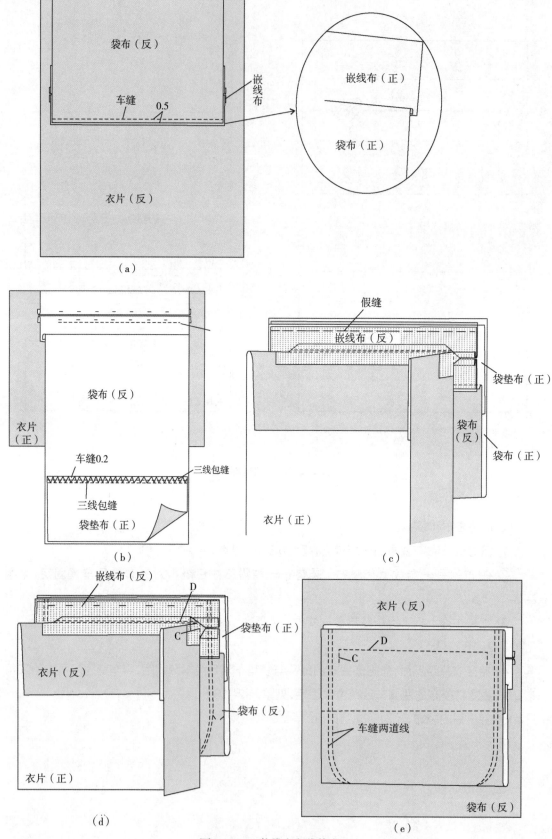

图2-2-16 装袋布和袋垫布

3. 有袋盖的单嵌线挖袋

此袋是在单嵌线上夹缝袋盖,这种缝制方法适合于有里布的服装,常用于套装、大衣等服装中,款式见图2-2-17。

（1）制图、裁剪及黏衬

① 袋盖布裁剪。袋盖的布丝与衣片一致。袋盖上口的表层和里层都放1～1.5cm的缝头,其余三边的放缝方法有两种,放缝时表里层都要作出对位记号。第一种方法表层放0.7cm,里层放0.4cm;第二种方法表里两层都放0.5cm,见图2-2-18（a）。

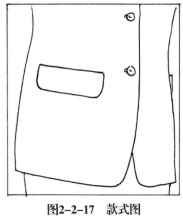

图2-2-17　款式图

② 嵌线布、袋垫布、里袋布裁剪。嵌线布与袋垫布采用面料布,袋布可使用里布或涤棉布。嵌线布反面烫黏衬,袋布也可两层连裁,见图2-2-18（b）。

③ 袋位黏合衬裁剪。在衣片反面的袋位处将黏合衬烫上,见图2-2-18（c）。

④ 表袋盖反面烫黏衬,见图2-2-18（d）。

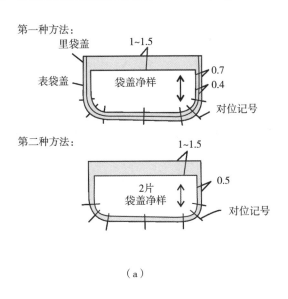

（a）

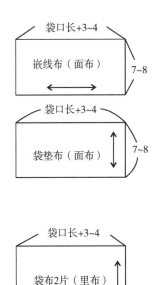

（b）

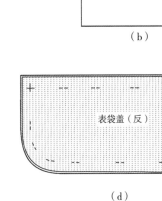

（d）

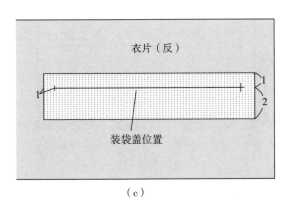

（c）

图2-2-18　制图、裁剪及黏衬

（2）缝制袋盖

① 用第一种方法裁剪时的缝制：表、里袋盖正面相对，四周对齐同时对准对位记号，用 0.5cm 缝头缝合；用第二种方法裁剪时的缝制：表、里袋盖正面相对，表袋盖放上层，对准对位记号后，除袋盖上口平齐外，其余三周均将里袋盖拉出 0.3cm，沿表袋盖净线外 0.1cm 车缝，见图 2-2-19（a）。

② 将袋盖翻到正面，里袋盖朝上，烫出里外匀，见图 2-2-19（b）。

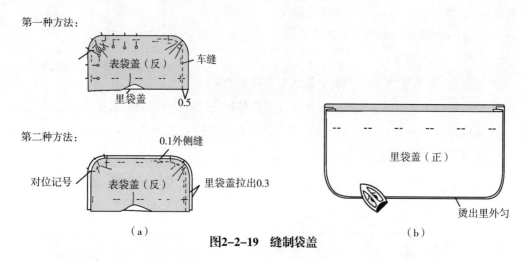

图2-2-19　缝制袋盖

（3）固定袋盖、缝制嵌线

① 嵌线布与袋布、袋垫布与袋布正面相对，用 0.5cm 的缝头缝合后，再翻到正面烫平，见图 2-2-20（a）。

② 在衣片的袋位处，先将袋盖与衣片缝合，见图 2-2-20（b）中的 A 线（袋盖净线），再将嵌线布放在袋盖的下方，边缘距装袋盖位置 0.4cm，再车缝嵌线布，嵌线布缝线 B 距装袋盖缝线间距 0.8cm，两端缝至离净线 0.4~0.5cm，见图 2-2-20（b）。

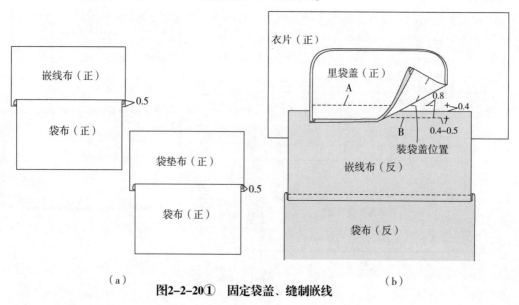

图2-2-20①　固定袋盖、缝制嵌线

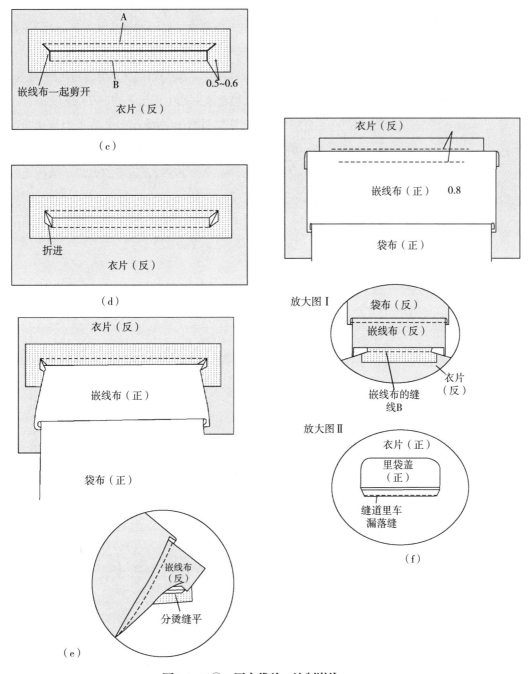

图2-2-20② 固定袋盖、缝制嵌线

③ 在A、B两道缝线中间剪口,注意剪口的形状,见图2-2-20（c）。

④ 把两端的三角拉到反面往外侧折倒,用熨斗烫平,见图2-2-20（d）。

⑤ 把嵌线布从剪口处拉到反面,分烫嵌线布和衣片的缝头,见图2-2-20（e）。

⑥ 将嵌线布折成0.8cm宽,熨烫平直后,手缝固定,然后掀开衣片在缝线旁车缝,见图2-2-20（f）中的放大图Ⅰ;或从正面车漏落缝,见图2-2-20（f）中的放大图Ⅱ。

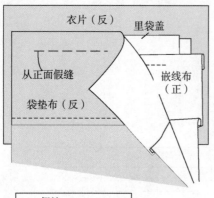

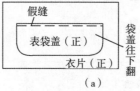

（a）

（4）缝合袋布

① 整理衣片上的单嵌线,将袋盖往下翻,缝头往上倒,如图把袋垫布与嵌线布重叠放整齐,然后在装袋盖的缝线旁假缝固定,见图2-2-21（a）。

② 掀开衣片,在袋盖缝线旁车缝,将嵌线布缝头、袋盖缝头、袋垫布缝头同时固定,见图2-2-21（b）。

③ 在袋口两侧,分别掀开衣片,用回针车缝固定三角布,注意要缝到剪口末端,见图2-2-21（c）。

④ 放平上下层袋布,在袋布的三边车缝两道线固定,见图2-2-21（d）。

⑤ 为增加袋口的牢度,在袋口嵌线布的两端用套结车缝加固,见图2-2-21（e）。

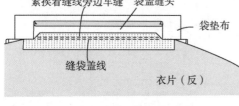

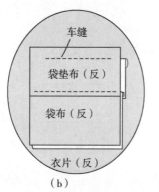

（b）

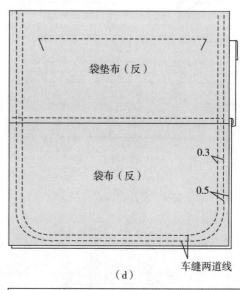

（d）

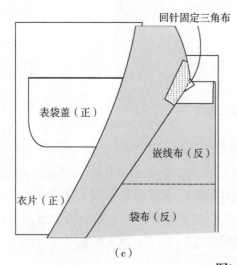

（c）

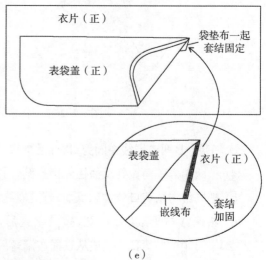

（e）

图2-2-21　缝合袋布

4. 有袋盖的双嵌线挖袋

此袋是在双嵌线上夹缝袋盖,袋布采用里子布连续裁剪,袋盖表里连续裁剪,在表袋盖的反面要烫上黏衬。常用于男女西服、套装、大衣等服装中,见图2-2-22。

(1)制图、裁剪及黏衬

① 袋盖及袋布制图见图2-2-23(a)。

② 袋盖布裁剪及黏衬。袋盖布表里相连裁剪,表袋盖部分烫黏衬并过中心0.7cm,见图2-2-23(b)。

③ 袋垫布采用面布裁剪,见图2-2-23(c)。

④ 嵌线布采用面布裁剪,反面烫黏衬。在嵌线布上画出袋位,袋位剪开线为A;沿A线从一侧剪开至距另一侧布1cm止,见图2-2-23(d)。

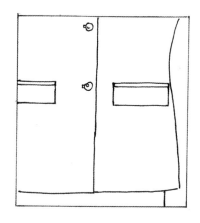

图2-2-22 款式图

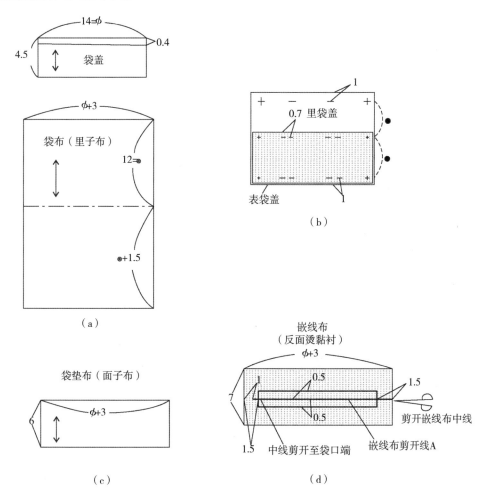

图2-2-23 制图、裁剪及黏衬

（2）缝制双嵌线袋口

① 在衣片正面画出袋位，袋位剪开线为B；在衣片袋位反面烫上袋位衬，见图2-2-24（a）

② 将嵌线布与衣片袋位正面相对，嵌线布剪开线A对准衣片袋位线B，并对齐袋位两端；再沿上下袋位线平行车缝两道线，注意起针和止针必须回针固定，见图2-2-24（b）。

③ 将嵌线布中间未剪开部分剪到尽头，然后把嵌线布的缝份翻开，将衣片上袋位剪开线B剪开，两端剪成Y形，在两端剪口时注意不能剪断缝线，图2-2-24（c）。

④ 将嵌线布通过Y形剪口翻到衣片反面，再将嵌线布的缝份分开烫平，最后整理上下嵌线条的宽度，用熨斗烫平，见图2-2-24（d）。

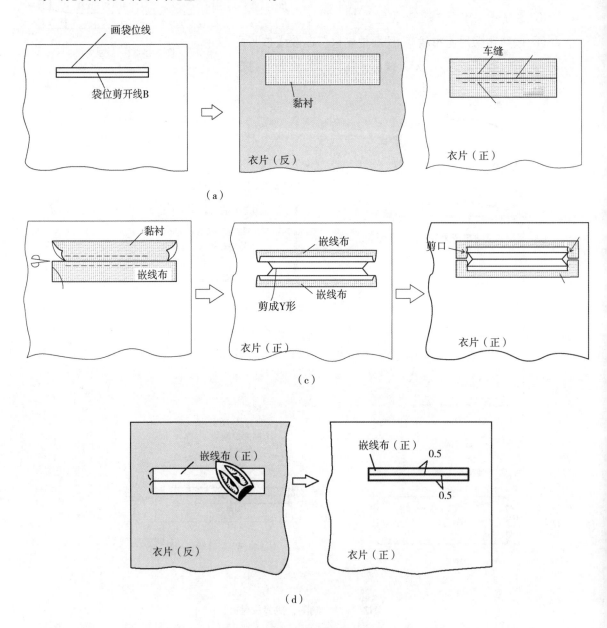

图2-2-24　缝制双嵌线袋口

（3）缝制袋盖

① 将袋盖表里正面相对，里袋盖两侧拉出0.2cm，使表袋盖略松，按0.9cm的缝份车缝两侧，图2-2-25（a）。

② 将袋盖翻到正面，里袋盖两侧退进0.1烫成里外匀，再用手针假缝固定袋盖上口，见图2-2-25（b）。

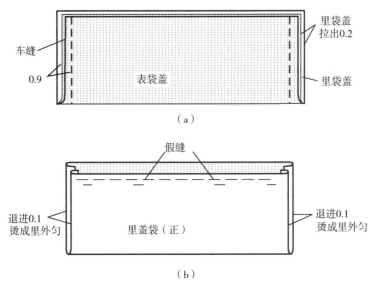

（a）

（b）

图2-2-25 缝制袋盖

（4）嵌线布与袋布缝合固定

① 将袋垫布一侧三线包缝后齐边放在袋布上车缝固定，见图2-2-26（a）。

② 将衣片往上掀开，把袋布置于衣片下面，其边端对齐嵌线布的边端，沿嵌线布的边缘再车缝一道线固定袋布，见图2-2-26（b）。

③ 固定三角布。再次整理嵌线布的宽度，然后将袋布两端的三角布放平，最后车缝三道线固定三角布，见图2-2-26（c）。

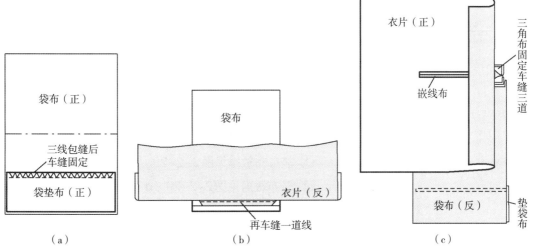

（a）　　　　　　　（b）　　　　　　　（c）

图2-2-26 嵌线布与袋布缝合固定

（5）装袋盖、缝合袋布两侧

①装袋盖。从袋口处插入袋盖，然后把袋布往上折，掀开衣片，在嵌线布的车缝线边缘再车缝一道线，同时固定嵌线布、袋盖、袋布的缝份，见图2-2-27（a）。

②整理袋盖使之平整。图2-2-27（b）中Ⅰ图是嵌线条边缘不车缝的外形。Ⅱ图是在嵌线条的接缝处车缝一道明线的外形，可根据需要选择。

③缝合袋布两侧，三线包缝袋布，见图2-2-27（c）。

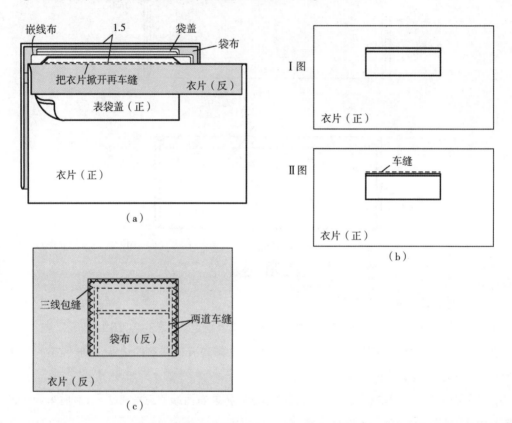

图2-2-27　装袋盖、缝合袋布两侧

图2-2-28　款式图

5. 手巾袋

手巾袋常用于男女西服及套装中，袋口布的丝缕与衣片保持一致，款式见图2-2-28。

（1）放缝、裁剪

①袋口布放缝见图2-2-29（a）。

②袋布裁剪见图2-2-29（b）。

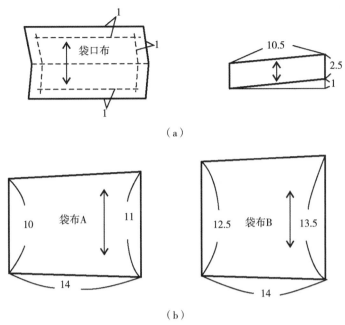

（a）

（b）

图2-2-29　放缝、裁剪

（2）缝制袋口布

① 先在袋口布反面烫上无纺黏合衬,若要使表袋口布更挺刮,可再在表袋口布反面的无纺黏合衬上按净样增烫一层黏衬,然后在两侧剪口,注意不要剪到净线（距净线0.1~0.2cm）,见图2-2-30（a）。

② 折烫两侧缝份,里袋口布的两侧按净样进0.2cm折烫,见图2-2-30（b）。

③ 折转里袋口布烫平,见图2-2-30（c）。

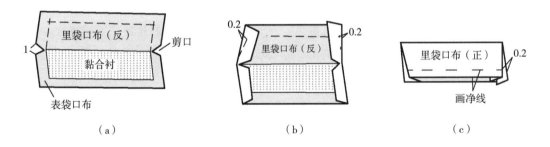

（a）　　　　　　　　　（b）　　　　　　　　　（c）

图2-2-30　缝制袋口布

（3）袋口布和袋布A缝合

① 在衣片袋位的反面烫上无纺黏合衬,见图2-2-31（a）。

② 在衣片的袋位处依次放上袋口布和袋布A,要求袋口布和袋布A的净线与袋位净线重叠,最后按袋位净线车缝,见图2-2-31（b）。

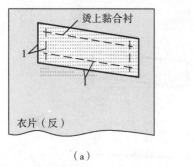
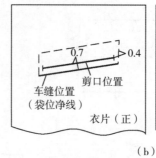
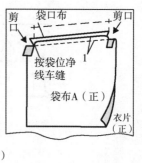

（a）
（b）

图2-2-31 袋口布和袋布A缝合

（4）剪口

按衣片剪口位置剪口，再将袋布翻向里侧烫平，见图2-2-32。

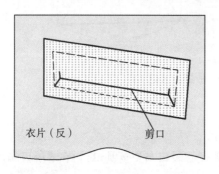
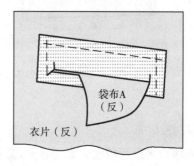

图2-2-32 剪口

（5）车缝固定袋布B

把袋口布掀开，折烫衣片袋位剪口的缝份0.7cm，将该缝份与袋布B车缝固定，宽为0.1cm，见图2-2-33。

（6）固定袋口布及袋布

车缝固定袋口布两端，注意两袋角要连同袋布B一道固定。然后将两片袋布缝合，其底角要车成圆角，以防灰尘堆积，若是无里布的衣服，袋布四周还要三线包缝，见图2-2-34。

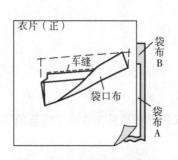

图2-2-33 车缝固定袋布B

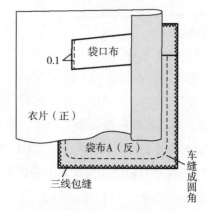

图2-2-34 固定袋口布及袋布

6. 斜向箱形挖袋

该袋形常用于外套、大衣、风衣、夹克等服装中,现介绍适合装在没有里布或半里布服装上的工艺,袋布四周采用三线包缝。袋口布的丝缕原则上要与衣片大身面料的丝缕一致,也可根据款式需要另定,款式见图2-2-35。

（1）制图及裁剪

① 袋口布制图,见图2-2-36(a)。

② 袋口布采用与衣片相同的面料,在反面烫黏衬,见图2-2-36(b)。

③ 袋布A制图,见图2-2-36(c)。

④ 袋布B制图,见图2-2-36(d)。

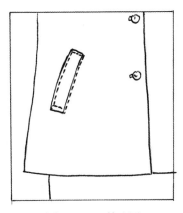

图2-2-35 款式图

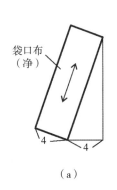 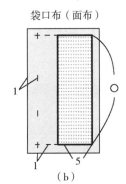 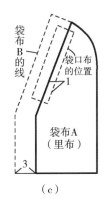 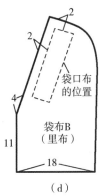

图2-2-36 制图及裁剪

（2）缝合袋口布

① 袋口布正面相对,车缝两端,见图2-2-37(a)。

② 先修剪袋口布两端缝份留0.5cm,然后将袋口布翻到正面,在折烫边车0.8cm止口线,上、下两端留0.8cm不车缝,见图2-2-37(b)。

（3）袋位烫黏衬、车缝袋布A

① 在衣片袋位的反面烫上黏衬,见图2-2-38(a)。

② 在衣片正面的袋位上,依次放上袋口布和袋布A,并要求袋口布和袋布A的净线与袋位净线重叠,最后按袋位净线车缝,见图2-2-38(b)。

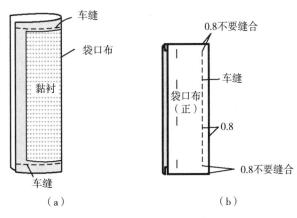

图2-2-37 缝合袋口布

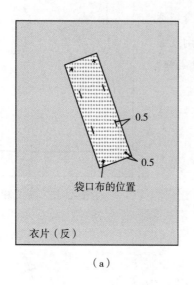

（a）

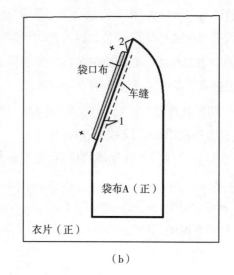

（b）

图2-2-38　袋位烫黏衬、车缝袋布A

（4）在袋位中间剪口

在衣片正面袋口处,将袋位剪口线剪成Y形,见图2-2-39。

（5）车缝固定袋布B

在衣片正面袋口位置车缝一道线与袋布A固定,然后放上袋布B,把袋口布掀开,折烫衣片袋位剪口的缝份,将该缝份与袋布B车缝固定,同时将袋口两端的三角布车缝固定,见图2-2-40。

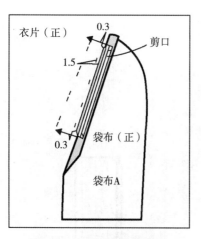

图2-2-39　在袋位中间剪口

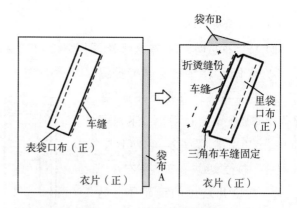

图2-2-40　车缝固定袋布B

（6）在袋口布两端车装饰明线固定

将袋口布放平整,车缝固定上、下两端,见图2-2-41。

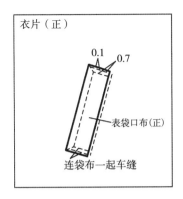

图2-2-41　在袋口布两端车装饰明线固定

（7）车缝袋布四周

先车缝袋布四周,再将缝份三线包缝,见图2-2-42。

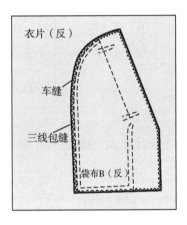

图2-2-42　车缝袋布四周

7. 水平箱形挖袋

该袋口外形为水平箱型,采用比较简易的缝制方法,适合于夏季服装、休闲服装或缝制简易的服装,袋口也可设计成斜向或竖形,见图2-2-43。

（1）制图及裁剪

① 袋位烫黏衬。黏衬按袋口净尺寸放缝后裁剪,烫在衣片反面的袋位上,见图2-2-44（a）。

② 袋口布裁剪,见图2-2-44（b）。

③ 袋布裁剪。该袋布为一片式连续裁剪,其中一端三线包缝,见图2-2-44（c）。

图2-2-43　款式图

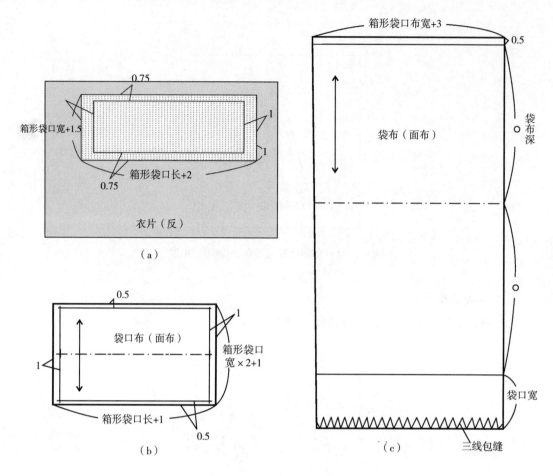

图2-2-44　制图及裁剪

（2）缝制袋口布

① 在袋口布反面烫黏衬,见图2-2-45（a）。

② 将袋口布正面相对在两端车缝（袋口布里稍拉紧）,见图2-2-45（b）。

③ 把袋口布翻到正面用熨斗烫平,见图2-2-45（c）。

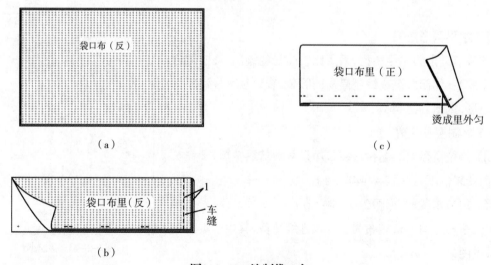

图2-2-45　缝制袋口布

（3）装袋口布和袋布

① 把袋口布放在衣片的袋位处（正面相对），再将袋布放在袋口布上，用0.5cm的缝头缝合，见图2-2-46（a）

② 掀开袋口布的缝头，按图中尺寸将袋口剪开，两端成Y形，见图2-2-46（b）。

③ 将袋布从剪口处拉到反面，见图2-2-46（c）。

④ 将剪开的衣片袋口缝头往上折烫，见图2-2-46（d）。

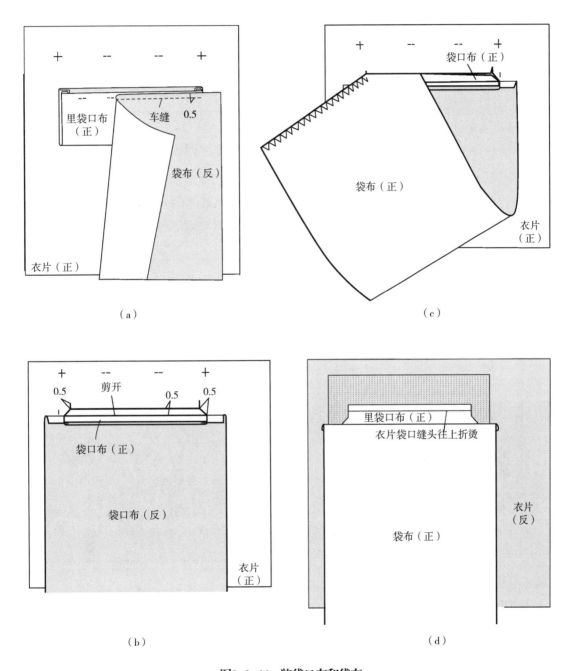

图2-2-46　装袋口布和袋布

（4）缝合袋口四周、固定袋口布

① 将袋布往上折,在两侧用手针假缝固定,见图2-2-47（a）。

② 在衣片正面,掀开袋口布,将三角布放平整后,将下层的袋布一起缝住,见图2-2-47（b）。

③ 先将衣片放到正面,车缝固定袋口布的两端,再掀开衣片,将袋布的两侧车缝两道线固定,见图2-2-47（c）。

④ 袋布两侧三线包缝,见图2-2-47（d）。

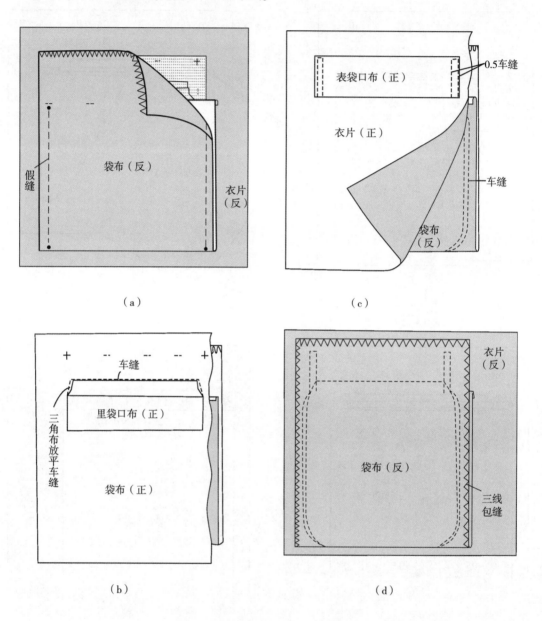

图2-2-47 缝合袋口四周、固定袋口布

第三节　插袋缝制工艺

插袋是一种处在前后衣片、裤片、裙片缝合线之间或裁片边缘的口袋,外观形状有直的、斜的、弧形的;缝制时衣片不用剪开,里面内衬两层袋布缝合而成。

一、侧缝直插袋

1. 侧缝直插袋A款

利用侧缝线缝制口袋,常用于裙子、上衣或裤子中,见图2-3-1。

（1）制图及裁剪

① 直插袋袋位,见图2-3-2（a）。

② 袋布制图。在袋口处袋布B比袋布A大1.5cm,见图2-3-2（b）。

③ 袋垫布与衣片面料相同,见图2-3-2（c）。

图2-3-1　款式图

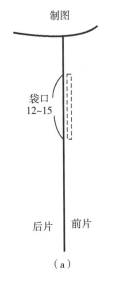

（a）

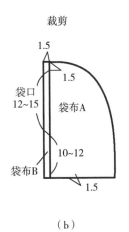

（b）

（c）

图2-3-2　制图及裁剪

（2）缝合袋布A

在前裙片的袋口处反面,要烫上黏衬牵条或黏合衬,以防袋口变形。然后把袋布A缝合在前裙片的袋位处,再将袋布A拉出放平,见图2-3-3。

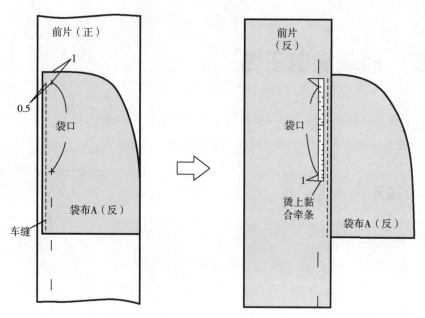

图2-3-3 缝合袋布A

（3）缝合侧缝线

后裙片和前裙片正面相对,缝合侧缝（留下袋口不缝合）,袋口两端要车回针使之固定,见图2-3-4。

（4）将侧缝的缝份分开烫平,在袋口车明线

将缝份烫开后,从正面在袋口上车明线,固定袋布,袋口两端要回车三道线固定,见图2-3-5。

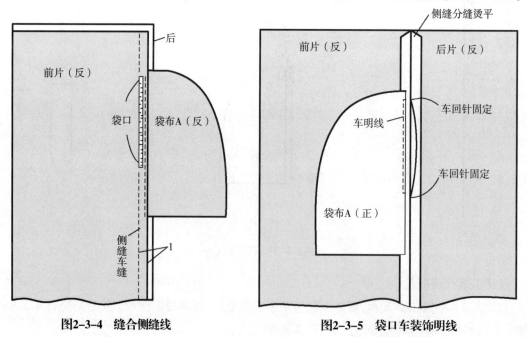

图2-3-4 缝合侧缝线   图2-3-5 袋口车装饰明线

（5）缝合袋布B

① 若袋布B的面料与衣片不一致,则应先在袋布B上车缝固定袋垫布,见图2-3-6（a）。

② 把袋位B放在袋布A的上面。注意,袋布A是固定在前裙片的缝份上,袋布B要固定在后裙片的缝份上,见图2-3-6(b)。

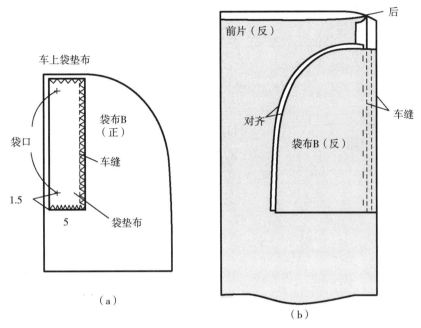

（a）　　　　　　　　　（b）

图2-3-6　缝合袋布B

（6）缝合袋布并三线包缝

先将衣片掀开,把两片袋布放平整,车缝两道线固定,然后三线包缝袋布的边缘,见图2-3-7。

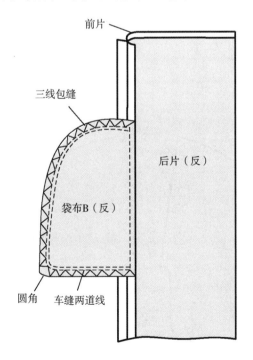

图2-3-7　缝合袋布并三线包缝

图2-3-8 款式图

2. 侧缝直插袋B款（简易缝制法）

利用侧缝线缝制口袋，口袋布A选用面布或里布，口袋布B选用面布。适用于裙子、上衣或裤子等无里布服装，衣片的缝头采用三线包缝，款式见图2-3-8。

（1）裁剪、烫黏合牵条

① 口袋布制图，口袋布A比口袋布B在袋口处少1cm。口袋布A选用面布或里布，口袋布B选用面布，见图2-3-9（a）。

② 口袋布B的袋口处三线包缝，见图2-3-9（b）。

③ 衣片侧缝三线包缝，在袋口处烫黏合牵条，见图2-3-9（c）。

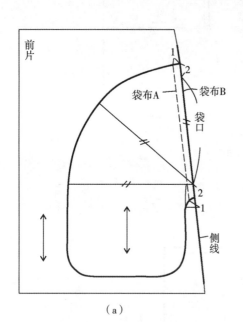

（a）

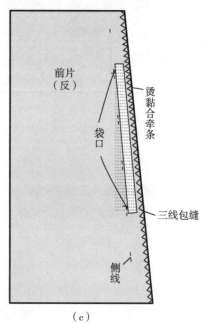

（c）

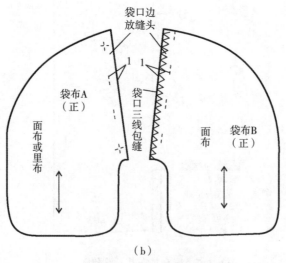

（b）

图2-3-9 裁剪、烫黏合牵条

（2）袋布与衣片缝合

① 袋布A与前片正面相对,对准袋口后缝合（上下两端各留1.1cm不缝合）,见图2-3-10（a）。

② 袋布B与后片正面相对,袋布B的袋口在净线外0.2cm对准后衣片侧缝净线缝合（上下两端各留0.9cm不缝合）,见图2-3-10（b）。

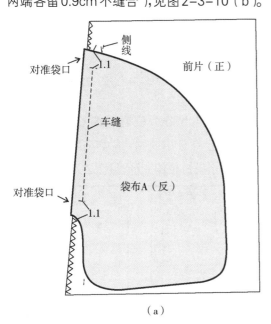
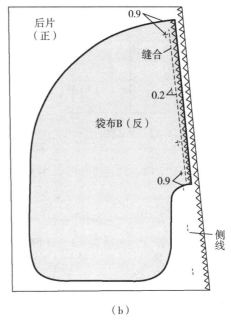

（a）　　　　　　　　　　　　　　　　（b）

图2-3-10　袋布与衣片缝合

（3）缝合袋布

① 掀开袋布,前后衣片正面相对,缝合侧缝（袋口留出不缝）,见图2-3-11（a）。

② 分烫侧缝,袋布B倒向前衣片与袋布A重合,沿袋布周围缝合（为增加口袋的牢度,袋布周围可缉线两条）,再避开侧缝,将袋布四周三线包缝,最后将袋布的上下端与侧缝缝合固定,见图2-3-11（b）。

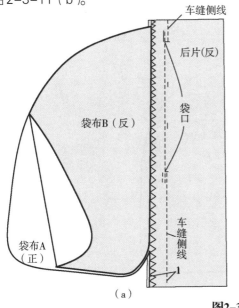
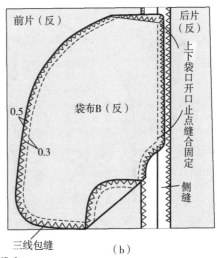

（a）　　　　　　　　　　　　　　　　（b）

图2-3-11　缝合袋布

3. 侧缝直插袋C款（袋垫布由后衣片连裁出）

袋垫布由后衣片连裁出，口袋的上下要剪刀口，故适用有里布服装且不易脱散面料的口袋制作，款式见图2-3-12。

（1）裁剪、烫黏合牵条

① 口袋布制图，口袋布A比口袋布B在袋口处少1cm，见图2-3-13（a）。

② 口袋布A和口袋布B均选用里布裁剪，见图2-3-13（b）。

③ 后衣片的袋口放缝4cm作为袋垫布，并在裁边三线包缝，然后在袋口上下开口止点烫小块黏合衬，在前衣片的袋口处烫黏合牵条，目的是防止袋口拉伸变形，见图2-3-13（c）。

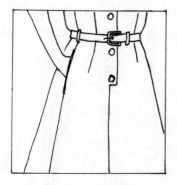

图2-3-12 款式图

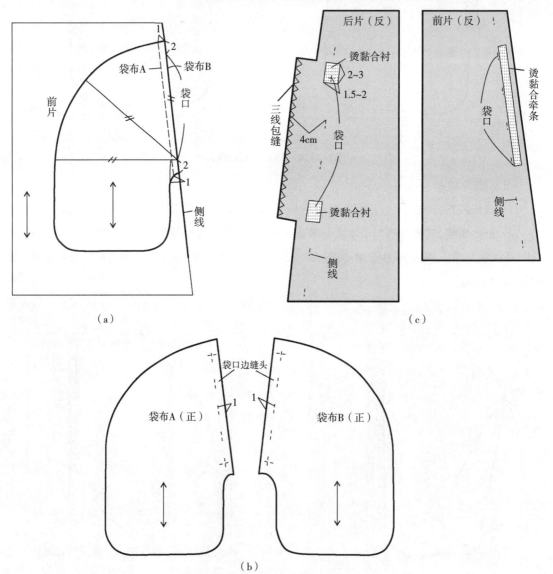

图2-3-13 裁剪、烫黏合牵条

（2）袋布A与前衣片缝合

袋布A与前衣片正面相对，对准袋口后缝合（上下两端各留1.1cm不缝合），见图2-3-14。

（3）缝合侧缝

掀开袋布，前后衣片正面相对，缝合侧缝（袋口留出不缝）。后侧缝上下开口止点处的缝头剪口，见图2-3-15。

（4）袋布B与后片的侧缝缝合

分烫侧缝，将袋布B的袋口净线与后衣片侧缝的净线对齐，袋布B的上、下两端对齐袋布A，袋布的缝头与后衣片侧缝的袋垫布一起折转，缝合三周（袋口不缝合），见图2-3-16。

（5）缝合两片袋布

袋布B倒向前衣片与袋布A重合，沿袋布周围缝合（为增加口袋的牢度，袋布周围可缉线两条），再掀开衣片，将袋布的上下端缝合固定，见图2-3-17。

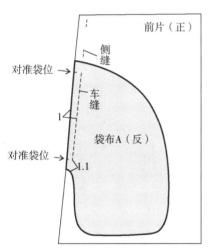

图2-3-14　袋布A与前片缝合

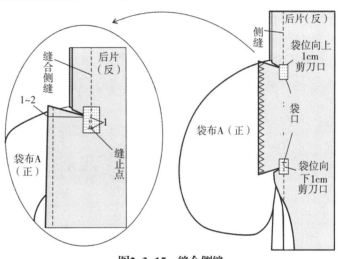

图2-3-15　缝合侧缝

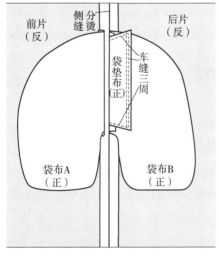

图2-3-16　袋布B与后片的侧缝缝合

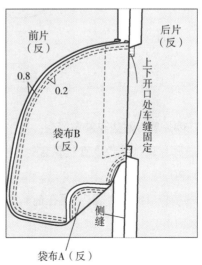

图2-3-17　缝合两片袋布

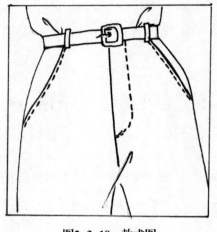

图2-3-18 款式图

二、斜插袋

1. 直线型斜插袋

直线型斜插袋常应用于裤子和裙子中,款式见图2-3-18。

（1）制图及裁剪

① 前裤片的贴边与前裤片连裁,见图2-3-19（a）。

② 袋布A用涤棉布裁剪,见图2-3-19（b）。

③ 袋布B用面布裁剪,不再需袋垫布,在袋位处剪口作记号,见图2-3-19（c）。

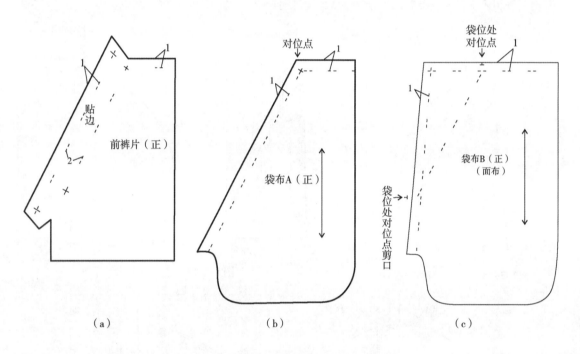

（a）　　　　　　　　（b）　　　　　　　　（c）

图2-3-19 制图及裁剪

（2）裤片袋口贴边与袋布缝合

① 前裤片袋口贴边烫直丝黏合衬,再将前裤片袋口贴边与袋布A正面相对,对齐后缝合,见图2-3-20（a）。

② 先按袋口线折烫袋口,再在前裤片正面袋口处缉止口线,止口宽度可根据设计选择,见图2-3-20（b）。

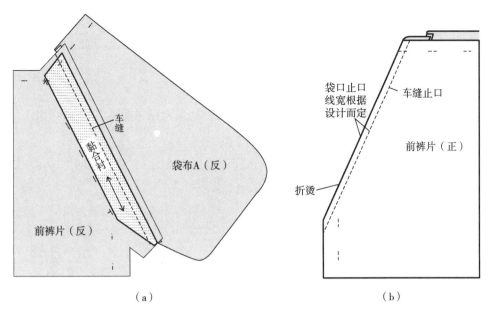

（a）　　　　　　　　　（b）

图2-3-20　裤片袋口贴边与袋布缝合

（3）缝合袋布B

① 袋布B的剪口对准前裤片袋口，并与袋布A对齐后假缝，再缝合两片袋布，最后将袋布三线包缝（为增加口袋的牢度，袋布周围可缉线两条），见图2-3-21（a）。

② 前后裤片正面相对，侧缝对齐后缝合，然后分烫缝头，见图2-3-21（b）。

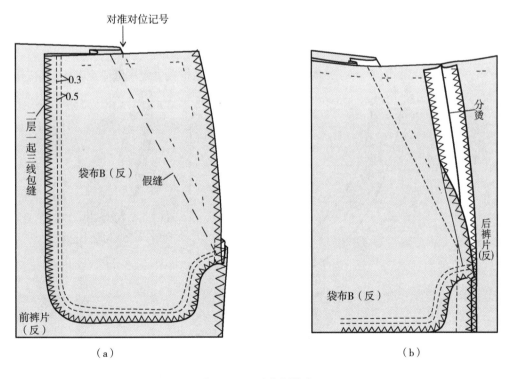

（a）　　　　　　　　　（b）

图2-3-21　缝合侧袋布

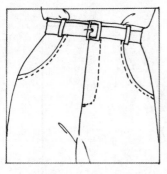

图2-3-22 款式图

2. 弧线型斜插袋

弧线型斜插袋在袋口处加袋口贴边,常应用于裤子和裙子中,款式见图2-3-22。

（1）制图及裁剪

① 袋布B和袋口贴边采用面布裁剪,袋布A采用涤棉布裁剪,见图2-3-23（a）。

② 袋口贴边布的反面烫黏合衬,黏合衬的丝缕与贴边布一致,见图2-3-23（b）。

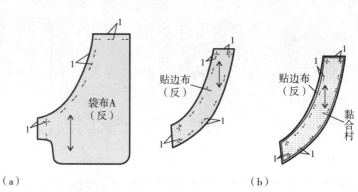

（a） （b）

图2-3-23 制图及裁剪

（2）袋口贴边布与袋布A缝合

贴边布与袋布A缝合的方法有两种:

① 方法一:将贴边布与袋布A正面相对缝合后,翻到正面烫平,此方法适合于薄型面料,见图2-3-24（a）。

② 方法二:将贴边的一侧三线包缝后,放在袋布A的相应位置车缝固定,此方法适合于厚型面料,见图2-3-24（b）。

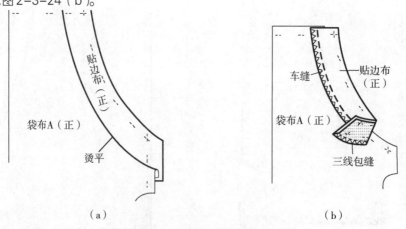

（a） （b）

图2-3-24 袋口贴边布与袋布A缝合

（3）袋布A上的贴边布与前裤片袋口缝合

① 将袋布A上的贴边布与前裤片正面相对,袋口对齐后缝合,在缝份上剪口,见图2-3-25（a）。

② 将袋布A翻到正面,把袋口按弧形熨烫,并烫成里外匀,然后在前裤片的袋口处,沿袋口弧形缉线,止口线的宽度根据需要选择0.3cm或0.5cm均可,见图2-3-25(b)。

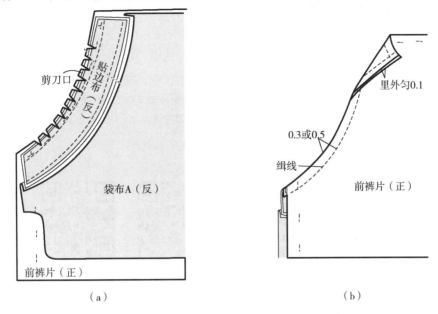

（a）　　　　　　　　　　　　　　　（b）

图2-3-25　袋布A上的贴边布与前裤片袋口缝合

（4）缝合袋布B

① 袋布B的剪口对准前裤片袋位,并与袋布A对齐,沿袋口弧形假缝,避免袋布移位,再缝合两片袋布,最后将袋布三线包缝(为增加口袋的牢度,袋布周围可缉线两条),见图2-3-26(a)。

② 前后裤片正面相对,侧缝对齐后缝合,然后分烫缝头,见图2-3-26(b)。

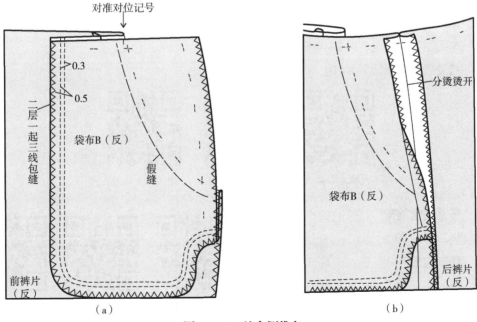

（a）　　　　　　　　　　　　　　　（b）

图2-3-26　缝合侧袋布

第四节　口袋缝制视频

一、尖底贴袋

① 尖底贴袋样板组成见视频2-4-1。

② 袋布裁剪、扣烫并车缝固定袋口折边见视频2-4-2。

③ 扣烫袋布见视频2-4-3。

④ 车缝固定袋布见视频2-4-4。

视频　2-4-1　　　视频　2-4-2　　　视频　2-4-3　　　视频　2-4-4

二、明褶裥贴袋

1. 明褶裥贴袋的样板和成裁片组成

① 样板组成见视频2-4-5。

② 裁片组成见视频2-4-6。

视频　2-4-5　　　视频　2-4-6

2. 扣烫样板

① 扣烫袋布褶裥见视频2-4-7。

② 车缝固定褶裥见视频2-4-8。

③ 扣烫袋布见视频2-4-9。

视频　2-4-7　　　视频　2-4-8　　　视频　2-4-9

3. 车缝固定袋布

见视频2-4-10。

4. 缝制袋布

① 缝制袋盖见视频2-4-11。

② 翻烫袋盖见视频2-4-12。

视频　2-4-10　　　视频　2-4-11　　　视频　2-4-12

5. 车缝固定袋盖

① 车缝固定袋盖止口明线见视频2-4-13。

② 车缝固定袋盖见视频2-4-14。

视频 2-4-13　　视频 2-4-14

三、牛仔裤前弧形插袋

① 前裤袋外形见视频2-4-15。

② 袋垫布准备、右小袋缝制见视频2-4-16。

③ 袋垫布与口袋布车缝固定见视频2-4-17。

④ 口袋布与裤片袋口缝合见频2-4-18。

视频 2-4-15　　视频 2-4-16　　视频 2-4-17　　视频 2-4-18

第三章
领子缝制工艺

第一节 无领片领型缝制工艺

一、圆领A款——领圈采用贴边缝制工艺

图3-1-1 款式图

此款的领圈采用内加贴边缝制的工艺,款式见图3-1-1。

1. 贴边放缝、裁剪、烫黏合衬

① 领圈贴边放缝0.8m,贴边上的肩线放缝1cm,贴边宽3 cm,见图3-1-2(a)。

② 按放缝要求裁剪贴边布和贴边黏衬,在前、后贴边反面烫上黏合衬,见图3-1-2(b)。

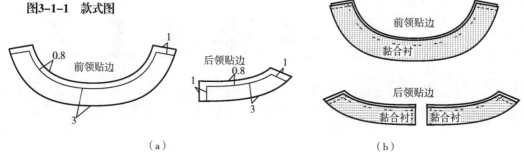

（a）   （b）

图3-1-2 贴边放缝、裁剪、烫黏合衬

2. 缝合肩线并三线包缝

将贴边上的肩线缝合,再将缝份分开烫平,最后三线包缝贴边外侧,见图3-1-3。

3. 缝合领圈

将贴边与衣片领圈正面相对,领圈对齐后缝合,然后修剪领圈缝份留0.5 cm,在圆弧处剪口,见图3-1-4。

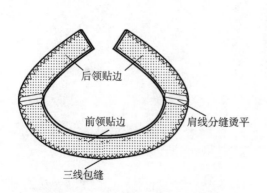

图3-1-3 缝合肩线并三线包缝

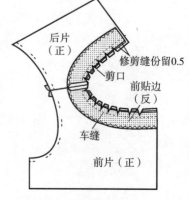

图3-1-4 缝合领圈

4. 翻、烫贴边

将贴边翻到正面,在贴边的止口处车一条0.1 cm的暗止口线,同时将领圈缝份与贴边车缝固定,目的是使贴边布不外露,而在正面看不到领圈处的缝暗止口线,然后把领圈的贴边布烫成里外匀,见图3-1-5。

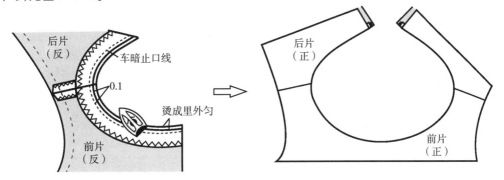

图3-1-5　翻、烫贴边

5. 手缝固定肩线上的贴边（图3-1-6）

在肩缝处将贴边与衣片的肩线对齐,用手缝针固定。

二、圆领B款——领圈采用斜条滚边的缝制工艺

此款的领圈采用斜条滚边的缝制工艺,款式见图3-1-7。

1. 裁剪斜条并扣烫

① 采用本色布,取45°正斜丝,宽为2.8cm（因斜丝容易拉伸变窄,故需放宽些）,长度为前、后领圈弧长总和,见图3-1-8（a）。

② 扣烫斜条的一侧,烫份为0.6cm,并烫成与领圈相近的圆弧状,见图3-1-8（b）。

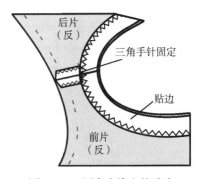

图3-1-6　固定肩线上的贴边

图3-1-7　款式图

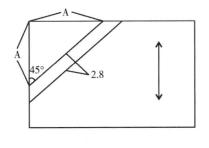

（a）

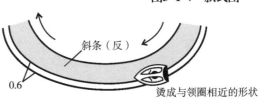

（b）

图3-1-8　裁剪斜条并扣烫

2. 斜条与衣片领圈缝合

① 先将衣片的肩线缝合并分缝烫平,然后将斜条与衣片正面相对,对齐领圈后车缝0.8cm,见图3-1-9(a)。

② 将领圈缝份修剪留0.5cm,再在圆弧处剪口,注意不要剪断缝线,见图3-1-9(b)。

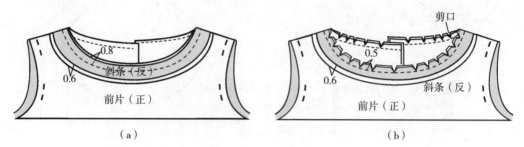

图3-1-9 斜条与衣片领圈缝合

3. 车缝固定斜条

将斜条翻到衣片的反面,扣烫领圈成里外匀。再整理斜条,将斜条的折边车缝0.1cm固定,见图3-1-10。

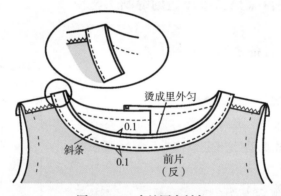

图3-1-10 车缝固定斜条

三、前开口圆领——贴边处理

图3-1-11 款式图

此款圆领的前中作开口处理,开口上端用扣襻加以固定,工艺采用内加贴边的方法,款式见图3-1-11。

1. 裁剪

① 开口长度设计:以头能顺利套进为最小尺寸,开口长度的设计同时还需考虑款式的美观性,贴边肩部宽3cm,见图3-1-12(a)。

② 领圈贴边放缝0.5cm,贴边上的肩线放缝1cm。由于前衣

片中线为连裁,为留出前开口的缝份,裁剪时需将前衣片和前领贴边开口处的面料拉出0.5的缝份再进行裁剪,见图3-1-12(b)。

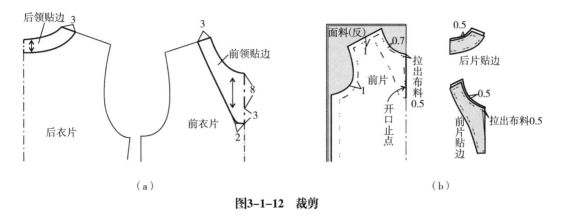

（a）　　　　　　　　　　　　　　　（b）

图3-1-12　裁剪

2. 烫黏合衬

① 在前、后领圈贴边反面烫上黏合衬,然后在领圈贴边前中画出开口长度,见图3-1-13（a）。

② 在衣片的前、后领圈及开口处烫上黏合衬,目的是防止领圈拉伸和开口处脱线,见图3-1-13（b）。

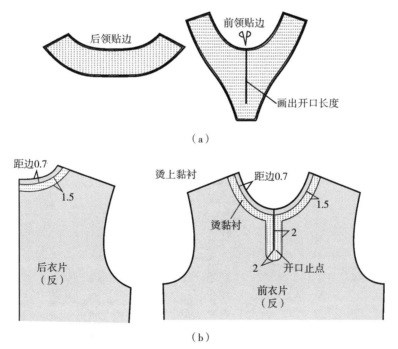

图3-1-13　烫黏合衬

3. 缝制扣襻、贴边与衣片领圈缝合

① 缝合肩线:分别缝合贴边和衣片上的肩线,然后将缝份分开烫平,再三线包缝贴边外

侧,见图3-1-14（a）。

②　缝制扣襻。具体步骤见图3-1-14（b）。

③　将贴边与衣片领圈正面相对,领圈对齐、肩缝对准,然后缝合,在开口处要夹住扣襻车缝,见图3-1-14（c）。

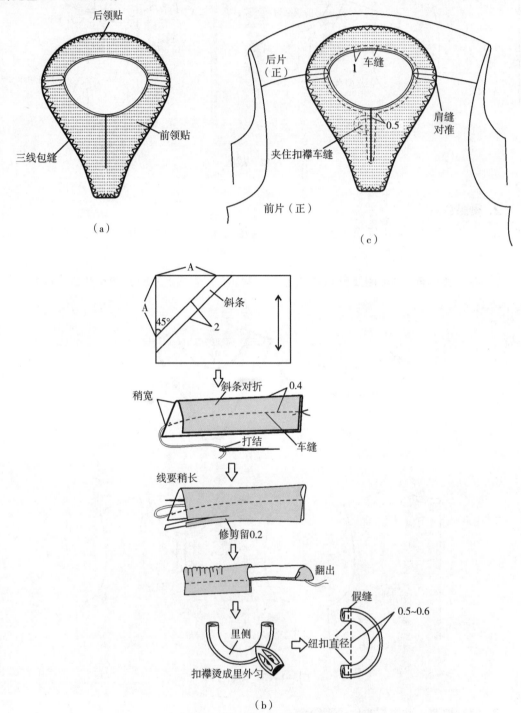

图3-1-14　缝制扣襻、贴边与衣片领圈缝合

4. 修剪、翻烫贴边

① 修剪领圈缝份留0.5cm，在领圈圆弧处剪口，领圈贴边前中剪至顶端，切勿剪断缝线，见图3-1-15（a）。

② 将贴边翻到正面，把领圈烫成里外匀，见图3-1-15（b）。

③ 在衣片正面沿领圈边缘车缝0.1cm的明线固定，在肩缝处将贴边与衣片的肩线对齐，用手缝针将衣片和贴边固定住，见图3-1-15（c）。

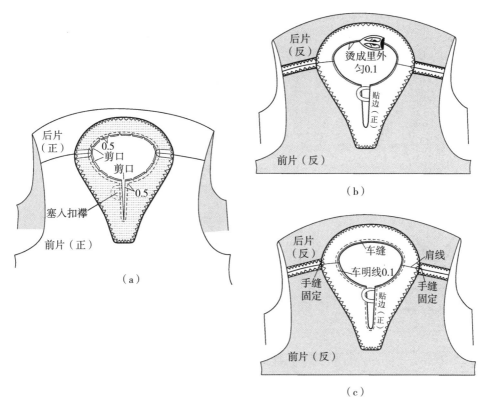

图3-1-15　修剪、翻烫贴边

四、V形领缝制——贴边处理

此款V形领的后中装隐形拉链，领圈采用内加贴边并车明线固定的缝制工艺，款式见图3-1-16。此缝制工艺也适用于后中装隐形拉链的圆形领圈。

1. 裁剪、烫黏合衬

① 前、后领贴边宽均为3cm，见图3-1-17（a）。

② 领圈贴边放缝0.8cm，贴边上的肩线放缝1cm，见图3-1-17（b）。

③ 在前、后贴边反面烫上黏合衬，见图3-1-17（c）。

图3-1-16　款式图

④ 在前衣片反面的领圈尖角处烫上小块黏衬，以防缝制后剪口上面料破裂，见图3-1-17（d）。

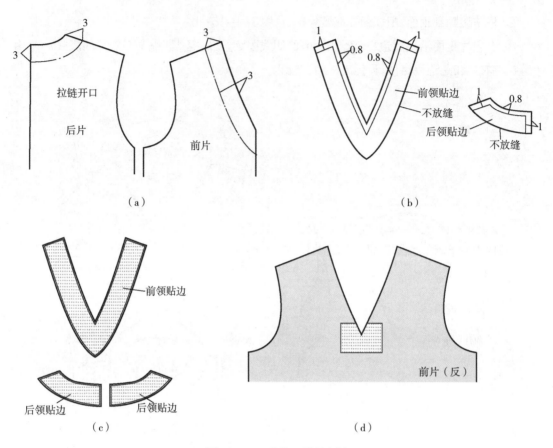

图3-1-17　裁剪、烫黏合衬

2. 缝合肩线、贴边与衣片领圈缝合

① 缝合肩线：分别缝合贴边和衣片上的肩线，然后将缝份分开烫平，再将贴边外侧三线包缝，见图3-1-18（a）。

② 将贴边与衣片领圈正面相对，领圈对齐、肩缝对准后缝合，然后修剪领圈缝份留0.5cm，在前中尖角处、后领圈圆弧处剪口，见图3-1-18（b）。

3. 翻、烫贴边并车缝固定

① 将贴边翻到正面，把领圈烫成里外匀，见图3-1-19（a）。

② 在衣片正面，沿领圈车缝0.6cm的装饰明线，也可根据需要车缝两条装饰明线，见图3-1-19（b）。

③ 在肩缝处将贴边与衣片的肩线对齐，用手缝针将衣片和贴边固定住，见图3-1-19（a）。

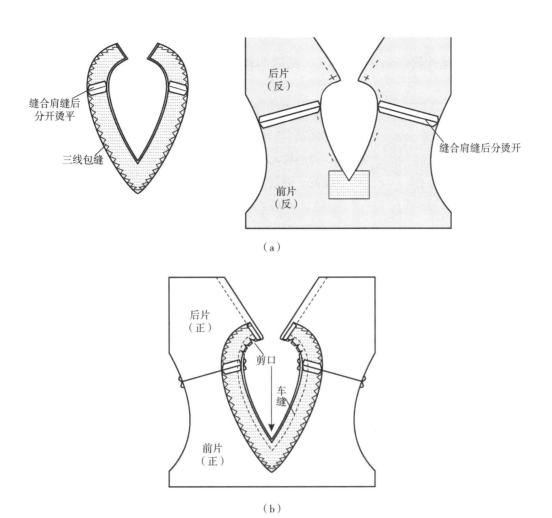

缝合肩缝后分开烫平

三线包缝

后片（反）

缝合肩缝后分烫开

前片（反）

（a）

后片（正）

剪口

车缝

前片（正）

（b）

图3-1-18　贴边与衣片领圈缝合

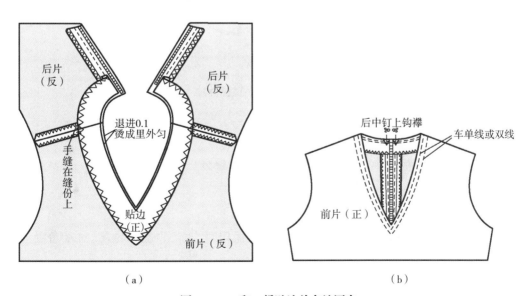

后片（反）

后片（反）

退进0.1烫成里外匀

手缝在缝份上

贴边（正）

前片（反）

（a）

后中钉上钩襻

车单线或双线

前片（正）

（b）

图3-1-19　翻、烫贴边并车缝固定

五、无领、无袖A款——（后开口）领圈与袖窿连裁处理

图3-1-20　款式图

此款是采用领圈与袖窿贴边连裁的缝制工艺，款式见图3-1-20。注意此种缝制工艺的款式必须在衣片的前片或后片有一处开口，否则将无法翻到正面。

1. 裁剪、烫黏合衬

（1）贴边领圈和袖窿放缝0.8cm（比衣片少放0.2cm），贴边肩缝和侧缝均放1cm，贴边下口不放缝，见图3-1-21（a）。

（2）在前、后贴边反面烫上黏合衬，见图3-1-21（b）。

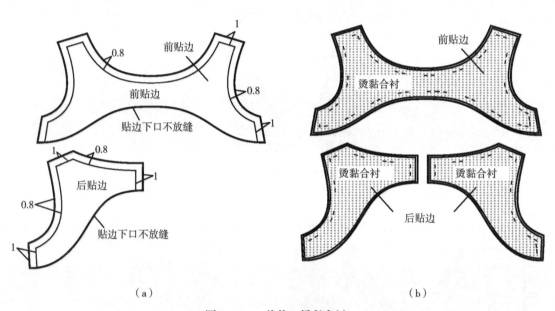

（a）　　　　　　　　　　　　　（b）

图3-1-21　裁剪、烫黏合衬

2. 缝合贴边肩缝

先将前后贴边正面相对，车缝肩缝1cm，然后把肩缝分开烫平后，在贴边下口三线包缝，见图3-1-22。

3. 衣片与贴边缝合

衣片的肩线缝合后分缝烫开，将贴边与其正面相对，对齐领圈和袖窿、对准肩缝，车缝0.9cm，见图3-1-23。

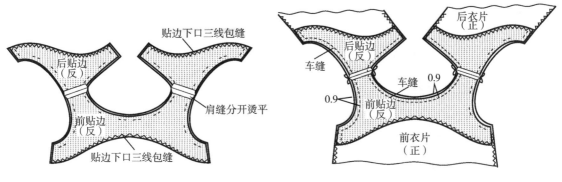

图3-1-22　缝合贴边肩缝

图3-1-23　衣片与贴边缝合

4. 修剪、扣烫缝份

将领圈、袖窿的缝份修剪留0.5cm，然后剪口，再将缝份折向贴边，沿缝线扣烫，见图3-1-24。

5. 扣烫领圈和袖窿

① 从肩线处将衣片翻到正面，见图3-1-25（a）。

② 扣烫领圈和袖窿，烫成0.1cm的里外匀，见图3-1-25（b）。

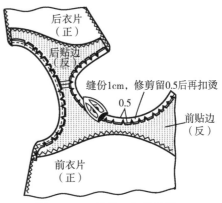

图3-1-24　修剪、扣烫缝份

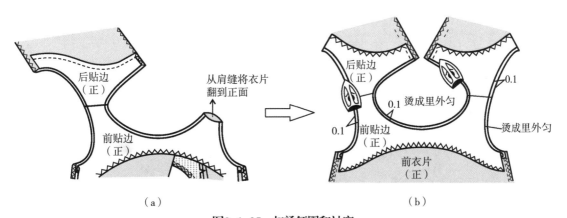

（a）

（b）

图3-1-25　扣烫领圈和袖窿

6. 缝合侧缝并固定贴边

① 分别将前后衣片和前后贴边正面相对，连续缝合侧缝，注意袖窿底部的十字缝要对齐；然后将分缝分烫平，见图3-1-26（a）。

② 把贴边往下翻，将衣片和贴边的侧缝用手缝三角针固定，见图3-1-26（b）。

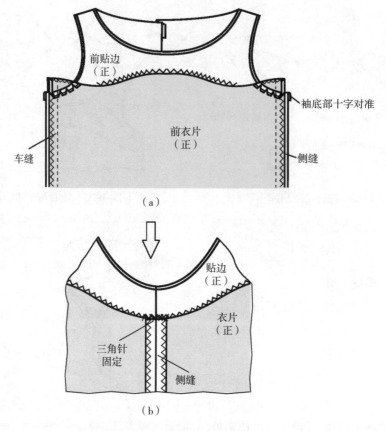

（a）

（b）

图3-1-26　缝合侧缝并固定贴边

7. 袖窿底部的另一种缝合方法

① 贴边与衣片缝合时，领圈缝合至后领圈净线处，袖窿缝合至侧缝净线前2cm，见图3-1-27（a）。

② 分别缝合衣片和贴边的侧缝，见图3-1-27（b）。

③ 分开烫平侧缝后，缝合袖窿底部未缝合部分。此种缝合方法所制的袖窿，其底部外观比较平整、美观，见图3-1-27（c）。

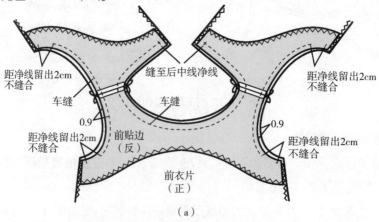

（a）

图3-1-27①　袖窿底部的另一种缝合方法

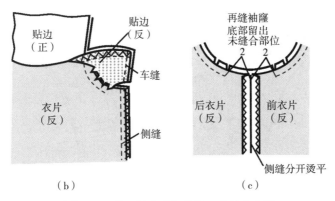

图3-1-27② 袖窿底部的第二种缝合方法

六、无领、无袖B款——（无开口）领圈与袖窿连裁处理

此款也是采用领圈与袖窿贴边连裁的缝制工艺,但领圈无开口,款式见图3-1-28。注意此种缝制工艺适合较薄的面料和肩线较宽的款式,否则将很难翻到正面。

1. 裁剪、烫黏合衬

① 贴边的领圈和袖窿放缝0.8cm（比衣片少放0.2cm）,贴边肩缝和侧缝均放1cm,贴边下口不放缝,见图3-1-29（a）。

② 在前、后贴边反面烫上黏合,见图3-1-29（b）。

图3-1-28 款式图

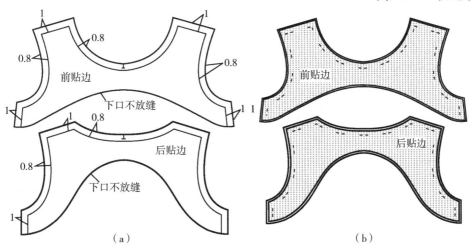

图3-1-29 裁剪、烫黏合衬

2. 缝合贴边的肩线

缝合贴边的肩线,将缝份分开烫平,再三线包缝前、后贴边的下口,见图3-1-30。

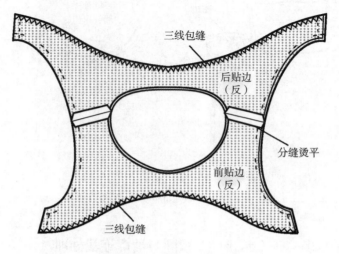

图3-1-30　缝合贴边的肩线

3. 缝合领圈

① 贴边与衣片正面相对,对齐前后领圈、肩缝后,距领圈裁边0.9cm车缝一圈,然后修剪缝份留0.5cm,并在领圈的缝份处剪口,注意不要剪断缝线,见图3-1-31（a）。

② 翻转贴边至正面,将领圈烫成里外匀,见图3-1-31（b）。

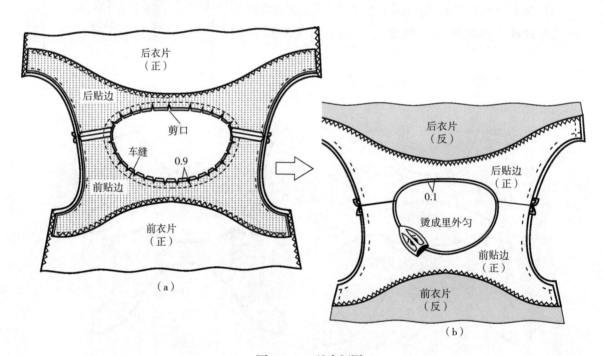

图3-1-31　缝合领圈

4. 缝制左袖窿

① 左侧袖窿的衣片和贴边按图3-1-32（a）箭头所示方向翻转,包住右侧袖窿,使左侧袖窿的衣片和贴边正面相对。

② 对齐左侧袖窿,并对准衣片和贴边的肩缝,沿袖窿按0.9cm的缝份缝合,然后修剪缝份留0.5cm,并在缝份处剪口,注意不要剪断缝线,见图3-1-32(b)。

③ 翻转贴边至正面,将左袖窿烫成里外匀,见图3-1-32(c)。

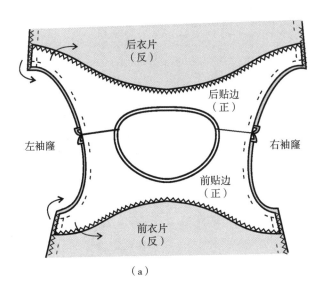

（a）

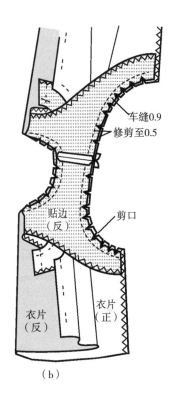

车缝0.9
修剪至0.5

剪口

（b）

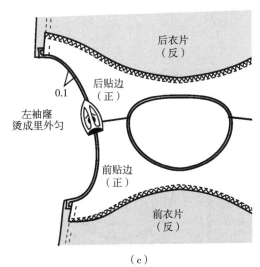

（c）

图3-1-32　缝制左袖窿

5. 缝制右袖窿

缝制方法同左袖窿。

① 右侧袖窿的衣片和贴边，按图3-1-33（a）箭头所示方向翻转，包住左侧袖窿，使右侧袖窿的衣片和贴边正面相对。

② 对齐右侧袖窿，并对准衣片和贴边的肩缝，沿袖窿按0.9cm的缝份缝合，然后修剪缝份留0.5cm，并在缝份处剪口，注意不要剪断缝线，见图3-1-33（b）。

③ 翻转贴边至正面，将右袖窿烫成里外匀，见图3-1-33（c）。

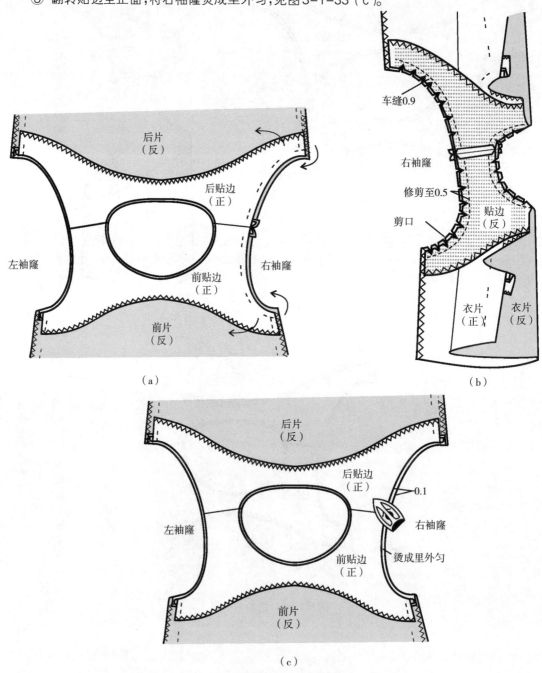

图3-1-33　缝制右袖窿

6. 缝制侧缝并固定侧缝贴边

① 前后衣片正面相对,对齐侧缝,注意对齐袖窿底部的十字,从贴边处连续缝合至衣片,然后将缝份分开烫平,见图3-1-34(a)。

② 整理贴边侧缝后,用三角针手缝固定贴边,见图3-1-34(b)。

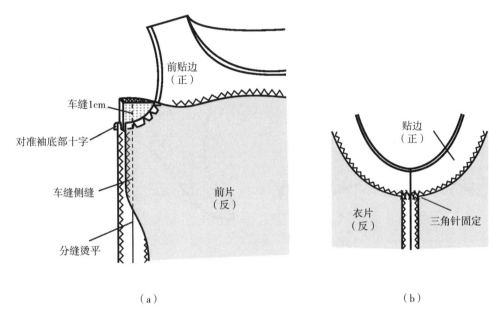

（a）   （b）

图3-1-34　缝制侧缝并固定侧贴边

七、无领、无袖C款——（无开口）领圈与袖窿连裁的处理方法二

此款也是采用领圈与袖窿贴边连裁的缝制工艺,但领圈无开口,款式见图3-1-35。注意此种缝制工艺适合肩线较窄的款式。

1. 裁剪、烫黏合衬

① 贴边的领圈和袖窿放缝0.8cm（比衣片少放0.2cm）,贴边肩缝和侧缝均放1cm,贴边下口不放缝,见图3-1-36(a)。

② 在前、后贴边反面烫上黏合衬,见图3-1-36(b)。

2. 缝合贴边的侧缝

① 将前后贴边的侧缝对齐,按1cm缝份进行缝合,见图3-1-37(a)。

② 分烫缝份后,将贴边的下口三线包缝,见图3-1-37(b)。

图3-1-35　款式图

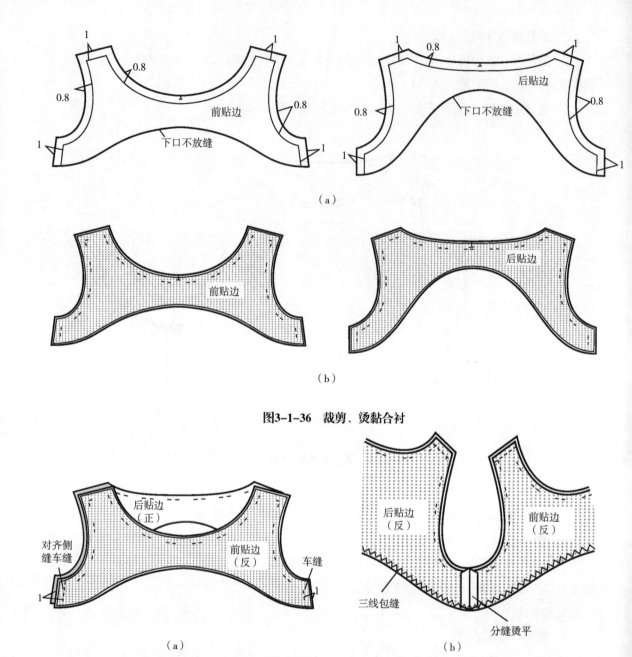

图3-1-36 裁剪、烫黏合衬

图3-1-37 缝合贴边的侧缝

3. 缝合袖窿和领圈

① 先将衣片的侧缝缝合后分缝烫平；再将衣片和贴边正面相对，袖窿和领圈的裁边、侧缝分别对齐，按0.9cm缝份进行缝合，领圈和袖窿距肩部净线5cm不缝合；然后将缝份修剪留0.5cm，并剪口，见图3-1-38（a）。

② 将贴边翻到正面，把袖窿和领圈烫成里外匀，同时将袖窿和领圈未缝合部分的缝份按净线扣烫，见图3-1-38（b）。

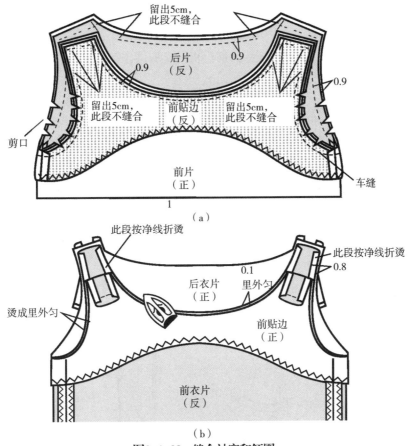

（a）

（b）

图3-1-38　缝合袖窿和领圈

4. 缝合肩缝

① 将前、后衣片的肩缝对齐,打开扣烫的缝份,按1cm缝份进行缝合,然后将缝份分开烫平,再把袖窿和领圈的缝份重新扣烫,见图3-1-39（a）。

② 先将贴边的肩线按净线扣烫后手针缲缝,再将袖窿和领圈未缝合的部位用手针缲缝,见图3-1-39（b）。

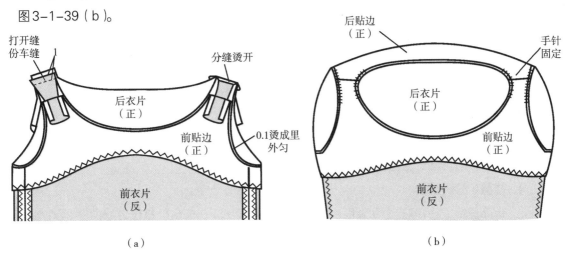

（a）

（b）

图3-1-39　缝合肩缝

图3-1-40 款式图

八、前开襟式圆领圈

该款为前门襟开口的圆领款式,挂面和前衣片分开裁剪,款式见图3-1-40。

1. 裁剪、烫黏合衬

① 挂面前止口线、后领贴边的领圈均放缝0.8cm（比衣片少放0.2cm）,贴边肩缝放缝1cm,挂面底边放缝4cm（同前衣片底边）,见图3-1-41（a）。

② 挂面、后领贴边的反面烫黏合衬,见图3-1-41（b）。

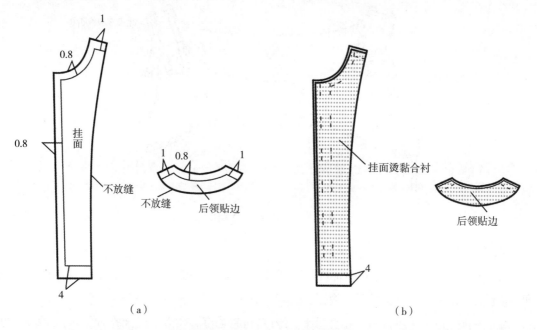

图3-1-41 裁剪、烫黏合衬

2. 缝合挂面和后领贴边的肩线

① 将挂面和后领贴边的肩线对齐,按1cm缝份进行缝合,见图3-1-42（a）。

② 将缝份分开烫平,挂面和后领贴边的外侧三线包缝,见图3-1-42（b）。

3. 衣片和挂面缝合

将挂面、后领贴边与衣片的前门襟和领圈正面相对,对齐肩线、领圈和门襟止口,先手针假缝,再按0.9cm缝份进行缝合,见图3-1-43。

4. 修剪、分烫缝份

① 拆除假缝线后,将挂面和领圈的缝份分别修剪留0.3~0.5cm使缝份形成梯度,再在领圈处剪口,并剪去领圈与门襟转角处的角部,见图3-1-44（a）。

② 用熨斗将领圈缝份分开烫平,见图3-1-44（b）。

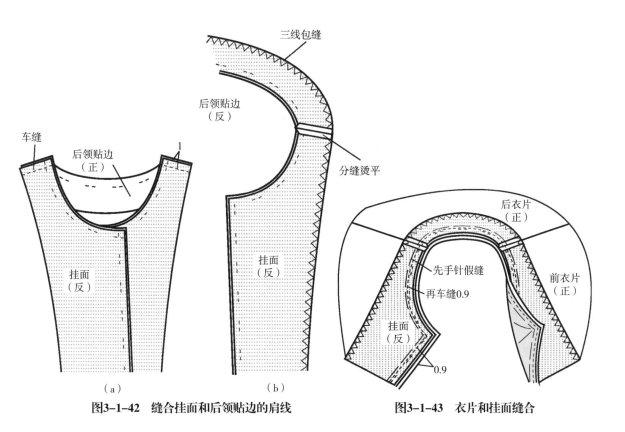

车缝

后领贴边
（正）

后领贴边
（反）

1

三线包缝

分缝烫平

挂面
（反）

挂面
（反）

（a）

（b）

图3-1-42　缝合挂面和后领贴边的肩线

后衣片
（正）

先手针假缝

再车缝0.9

前衣片
（正）

挂面
（反）

0.9

图3-1-43　衣片和挂面缝合

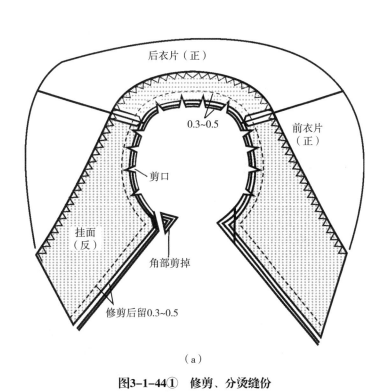

后衣片（正）

0.3~0.5

前衣片
（正）

剪口

挂面
（反）

角部剪掉

修剪后留0.3~0.5

（a）

图3-1-44①　修剪、分烫缝份

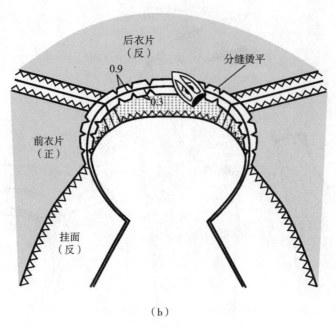

（b）

图3-1-44② 修剪、分烫缝份

5. 车缝固定挂面和领圈

将挂面翻到正面,用熨斗将领圈和门襟的止口烫成里外匀,最后在领圈和门襟的止口处车明线固定,明线的宽度根据需要可选择0.5cm、0.6cm或0.8cm,见图3-1-45。

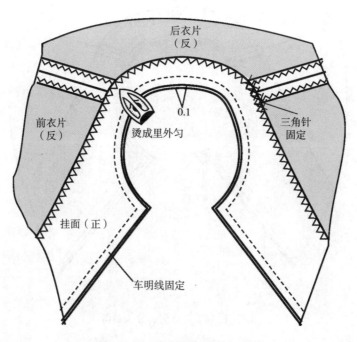

图3-1-45 车缝固定挂面和领圈

第二节　关门领领型缝制工艺

关门领是在穿着时适合关闭的一类领型。它是将各种形状的领子经缝制后,装在衣服的领圈上所形成的领型,见图3-2-1。

图3-2-1　关门领领型

一、领面样板的技术处理和领子缝制要点

领子是由领面和领里经缝制而形成的一个整体,而领面和领里均包括上领（领翻出露在外面的部分）和下领（领座）两部分（图3-2-2）。在缝制领子时要考虑面料的厚度,因领子在翻折状态下,领面和领里的大小是有差异的,因此需对领面样板进行技术处理。

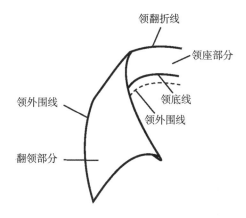

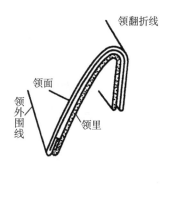

图3-2-2　关门领的组成

1. 领面和领里的差异分析

领子在着装状态下应是:两领角有自然窝势,领面和领里的松紧度应适宜、里外匀适当,即领面和领里的大小是不同的,这点我们从以下的分析中可以看出。

① 图3-2-3为纵向截面图,从图中可以看出领面宽度要大于领里。

a. 领面和领里在翻折线部分会产生●与▲的差异。

b. 在领止口部分,领面有一部分的量绕过领外围线到领里。

② 图3-2-4为领子翻折线处的横向截面图,分翻领和领座两部分。

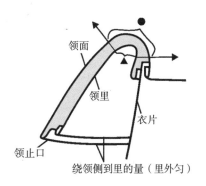

图3-2-3　纵向截面图

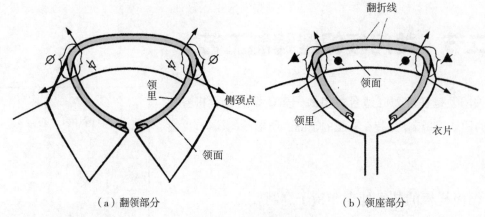

（a）翻领部分 （b）领座部分

图3-2-4 横向截面图

a. 图3-2-4（a）为翻领部分,在翻折线处的侧颈点上方会呈现 ∅ 与 △ 的差异,故领面比领里长些。

b. 图3-2-4（b）为领座部分,在翻折线处的侧颈点上方会呈现 ● 与 ▲ 的差异,领面反而比领里稍短些。

从以上的分析中,可知领子的领面和领里的大小是不同的,要想缝制美观的领子,必须考虑上述因素进行裁剪。领面和领里差异量的大小应视面料的厚薄来决定。面料越厚,其差量越大;反之,则越小。

2. 领面样板的技术处理

首先以结构图上所得的领子作为领里的净样板,领面是以领里的样板为基础进行制作。

（1）确定领面、领里大小的差异量

把实际将要缝制的布料按图3-2-5所示将两片布料重叠,弯曲成翻领状,再确定上层面料比下层面料长出多少,这长出的量就是领面翻折线部位的松量,通常为0.2~0.3cm,随面料厚薄适量增减;而领面外围绕到领里的量（里外匀的量）则另外加上,通常是0.2cm。

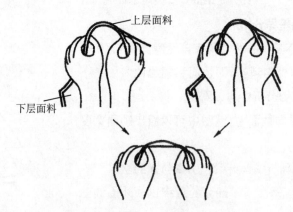

上层面料

下层面料

图3-2-5 确定领面、领里大小的差异量

（2）领面净样板制作

① 确定领子展开线,见图3-2-6（a）。

② 将展开线剪开,在领外围每处剪开线中放出松量0.1~0.3cm,翻折线的长度不变,由于领子外围剪开处增加了展开量,在对应的领底线上造成有多余的量,这多余的量需折叠,见图3-2-6（b）。

③ 将翻折线剪开,放入翻折松量约0.3cm左右,在领面的外围放出里外匀的量约0.2cm。由于面料有厚薄差异,放入的松量和领面的里外匀需根据实际情况作调整,见图3-2-6（c）。

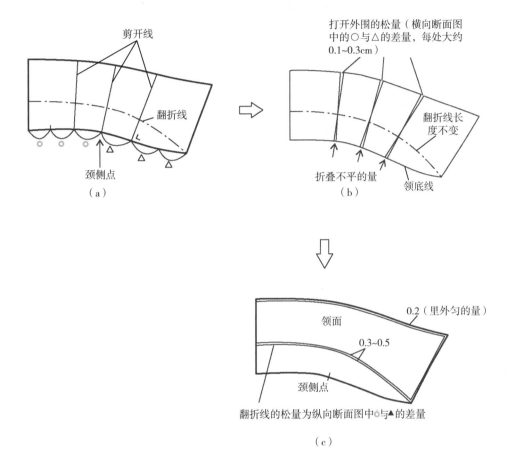

图3-2-6　领面净样板制作

（3）裁剪样板制作

① 领面裁剪样板:在领面净样板的基础上四周放出1cm,领子后中不断开,使领子成一片,裁剪时可适当稍大些,以便可以修正。

② 领里裁剪样板:按结构图上的净样板直接在四周放出1cm。

③ 确认领子的松量:对准领面和领里的领底线,用大头针加以固定,整理成完成状,确认领面所放的松量是否合适,再对领面重新进行裁剪,如图3-2-7所示。

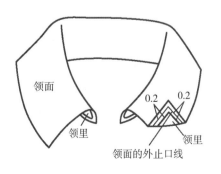

图3-2-7　裁剪样板制作

3．领子缝制要点

虽然领面和领里在裁片上是有大小差异的，但在缝合时两层边缘是对齐的，其车缝起点与终点是一致的，这就要求我们对领面在各部位所放出的松量在适当的位置加以缩缝，这是缝制好领子的关键所在。

从领子的纵向和横向截面图可知，产生领面和领里的大小差异主要集中在颈侧点附近（SNP），故要求在缝合领子的外圈时，领面要在该部位附近缩缝。领面的领角绕到领里的领角里侧座份量，要在离领角约2cm处进行缩缝，使领角产生自然窝势。

在缝制前，若在领面和领里的相应位置作出对位记号，缝制就很容易。领子的对位记号及缩缝部位见图3-2-8。

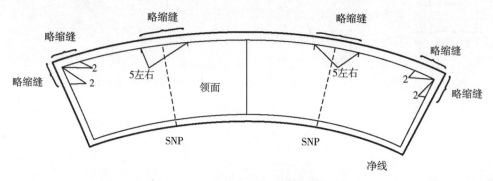

图3-2-8　领子的对位记号及缩缝部位

二、装领子的方法

装领子的方法有多种，在实际应用中应结合具体的款式、面料等因素进行选择。常用的装领子方法有以下四种：夹装法、四层合缝法、分开装领法、斜布条滚边法。

1．夹装法

用领子夹住衣片与挂面的装领方法。此方法常用于关门翻领、男式衬衫领、敞开式翻领、立领、西装领等，见图3-2-9。

2．四层合缝法

用衣片与挂面夹住领子的装领方法。适用于领底线弧度较大的领子，如关门翻领、平领、敞开式翻领、立领等，见图3-2-10。

3．分开装领法

衣片与挂面分别与领子缝合，缝合线分开烫平后，正面相对，在领外口再缝合的方法。适用于翻领、西装领、青果领、燕子领、立领等，见图3-2-11。

4．斜布条滚边法

采用45°斜裁布条，用滚边的方法将领子的领底线和衣片的领圈线缝合。此方法适用于领子的领底线弧度较大的领子，如平领、关门翻领等，见图3-2-12。

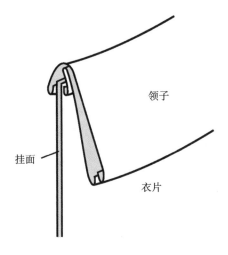

图3-2-9　夹装法

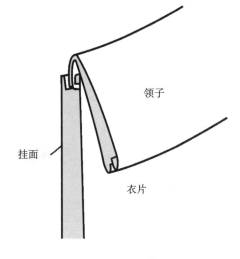

图3-2-10　四层合缝法

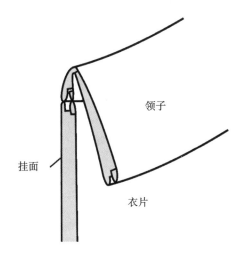

图3-2-11　分开装领法

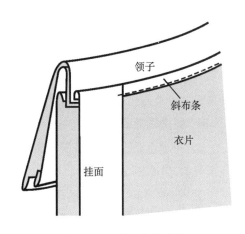

图3-2-12　斜布条滚边法

三、平领的缝制

平领是一类领座较低、领底线弧度较大的领型,适合采用斜布条滚边的装领方法。此缝制方法也适合于披肩领,款式见图3-2-13。

1. 领子放缝、裁剪、烫黏合衬

① 领面四周均放缝1cm,领里的领外口线放缝0.8cm,领底线放缝1cm,在领面和领里分别作出对位记号,再按放缝要求分别裁剪领面和领里,见图3-2-14(a)。

② 在领面的反面烫上黏合衬,见图3-2-14(b)。

图3-2-13　款式图

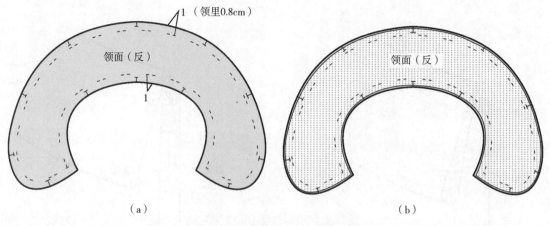

（a）

（b）

图3-2-14　放缝、裁剪、烫黏合衬

2. 缝合领子

将领面与领里正面相对,对齐领外口线和对位记号,先用手针在净线处假缝,然后在净线外0.1cm处缝合,即缝份为0.9cm,见图3-2-15。

3. 修剪、熨烫领子的缝头

将领子的缝头修剪留0.5cm,再把缝头沿缝合线往领里侧折倒烫平,见图3-2-16（a）。也可不修剪缝头,只是在领子的圆角处剪口后再烫,见图3-2-16（b）。

4. 熨烫领外口线

① 将领里朝上,用熨斗将领外口线烫成里外匀,见图3-2-17（a）。

② 把领面朝上,整理领子的领底线,用手缝针假缝固定领底线,并做出后领中点、颈侧点的对位记号,见图3-2-17（b）。

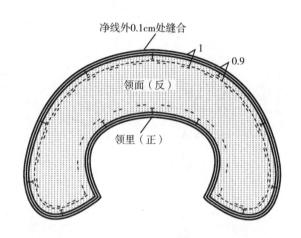

图3-2-15　缝合领子

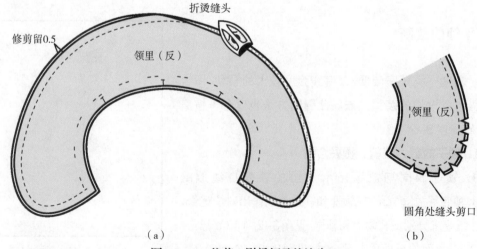

（a）

（b）

图3-2-16　修剪、熨烫领子的缝头

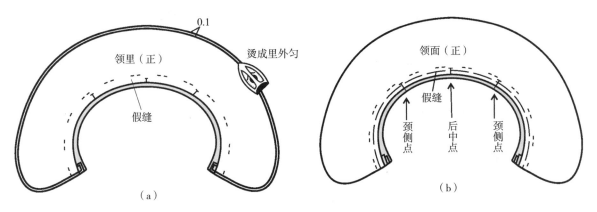

图3-2-17 熨烫领外口线

5. 装领子

① 将领面朝上重叠在衣片的正面,对准装领对位记号,用珠针固定,再折转衣片的挂面,并对准装领点,用手针假缝固定,见图3-2-18（a）。

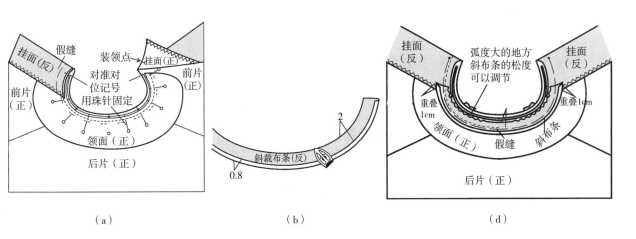

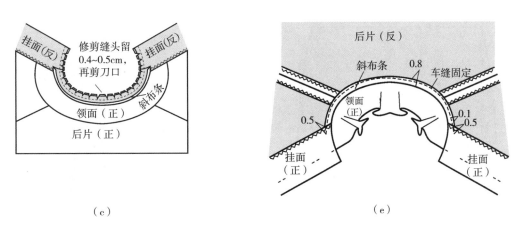

图3-2-18 装领子

② 用本色料裁剪一条45°斜条,长度为领底线的长,再用熨斗将斜布条按领底线的形状烫成弧线,缝头烫出0.8cm,见图3-2-18(b)。

③ 将斜布条重叠在领子上,两端盖过挂面1cm,多余部分剪掉,用手针假缝固定,见图3-2-18(c)。

④ 沿装领线缝合领子和衣片,将假缝线拆除,然后修剪缝头留0.4~0.5cm,再剪口,见图3-2-18(d)。

⑤ 将挂面翻到正面,沿斜布条的折烫线车0.1cm的线,两端过挂面0.5cm,见图3-2-18(e)。

四、水兵领的缝制

水兵领属于平领类别,其领底线的弧度很大。装领的方法既可采用平领的斜布条滚边法,也可以采用四层合缝的装领方法。以下介绍的是四层合缝法,款式见图3-2-19。

1. 领子放缝、裁剪、烫黏合衬

① 领面四周均放缝1cm,领里的领外口线放缝0.8cm,领底线放缝1cm,在领面和领里分别作出颈侧点和后领中点的对位记号,再按放缝要求分别裁剪领面和领里,见图3-2-20(a)。

② 在领面的反面烫上黏合衬(烫黏合衬的部位可根据不同的款式和面料,也可选择领里以及在净线内都可以)见图3-2-20(b)。

图3-2-19 款式图

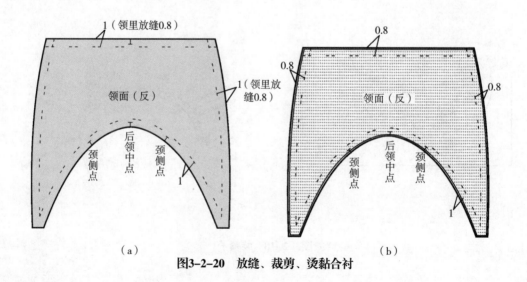

（a）　　　　　　　　　　（b）

图3-2-20 放缝、裁剪、烫黏合衬

2. 缝合领子

将领面与领里正面相对,对齐领外口线和对位记号,先用手针在净线处假缝,然后在净线外0.1cm 处缝合,即缝份为0.9cm,见图3-2-21。

3. 修剪、熨烫领子的缝头

将领子的缝头修剪留0.5cm,领角剪掉,再把缝头沿缝合线往领里侧折倒烫平,见图3-2-22。

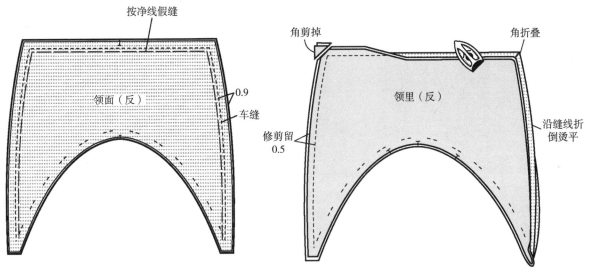

图3-2-21　缝合领子　　　　　　　　　图3-2-22　修剪、熨烫领子的缝头

4. 熨烫领外口线

① 将领里朝上,用熨斗将领外口线烫成里外匀,见图3-2-23〔a〕。

② 把领面朝上,沿领外口线车缝明线0.5cm,明线的宽度可根据款式进行选择或可以不车明线,最后距领底线净线内0.1cm 处用手缝针假缝固定领底线,见图3-2-23〔b〕。

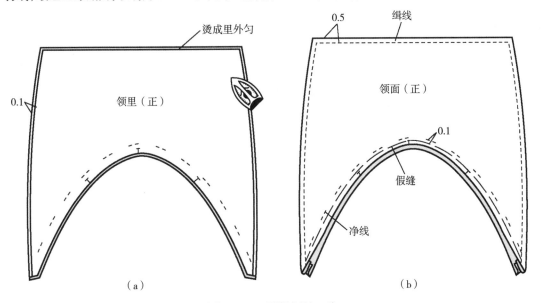

〔a〕　　　　　　　　　　　〔b〕

图3-2-23　熨烫领外口线

5. 前衣片、领贴边烫黏合衬

① 在前衣片反面领开口止点处一小方块烫黏合衬,见图3-2-24(a)。

② 先在前后领贴边的反面烫上黏合衬,再将前后肩线缝合,把缝份分开烫平,然后沿贴边的正面外圈三线包缝,最后在贴边反面画出前领中开口线,见图3-2-24(b)。

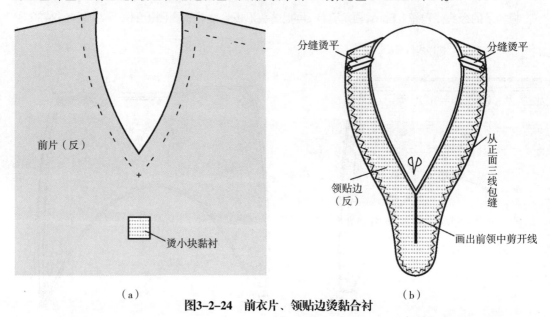

（a）   （b）

图3-2-24 前衣片、领贴边烫黏合衬

6. 装领子

① 将领面朝上重叠在衣片的正面,对准装领对位记号,用手针假缝固定,见图3-2-25(a)。

② 将领贴边的正面与领面正面相对,并对准后领中线、肩线、前领中线,按净线车缝。然后将衣片前中线剪开,在领圈处修剪缝份留0.5cm,再剪口,见图3-2-25(b)。

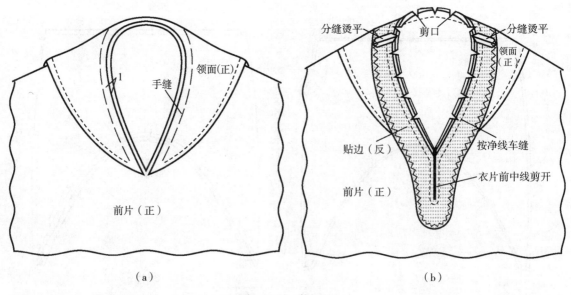

（a）   （b）

图3-2-25 装领子

7. 装领线压线固定

将贴边翻到正面,再在衣片的正面沿装领线压线车缝固定缝份,最后顺着领外口线的缉线,以同样的宽度缉线车缝前领开口,见图3-2-26。

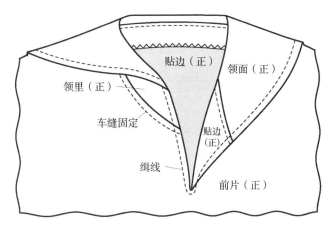

图3-2-26 装领线压线固定

五、男式衬衫领

该领型分为上领和下领两部分,是男式衬衫的经典领型,由于领型大方实用,故在女衬衫上也广泛运用,款式见图3-2-27。

1. 领子放缝、裁剪、烫黏合衬

① 上下领的领面与领里四周均放缝1cm,按放缝要求分别裁剪上下领的领面和领里,见图3-2-28(a)。

② 在上领面和下领面的反面,按净样分别烫上黏合衬(烫黏合衬的部位根据不同的款式和面料,可选择上领面、下领里全都烫黏合衬或上领面和上领里、下领面和下领里均烫黏合衬),此处黏衬按净样裁剪并熨烫,见图3-2-28(b)。

图3-2-27 款式图

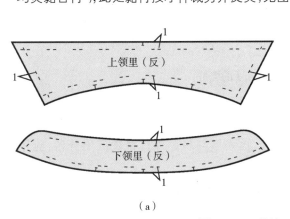

(a)　　　　　　　　　　　　　　(b)

图3-2-28 放缝、裁剪、烫黏合衬

2. 缝合上领

① 将上领的领面与领里正面相对,领里边缘拉出0.2cm,沿领面的净线手针假缝固定两片领子,注意领角处要形成面松里紧的形状,见图3-2-29(a)。

② 沿领子的净线外侧0.1~0.2cm车缝领外口线,再将假缝线拆除,见图3-2-29(b)。

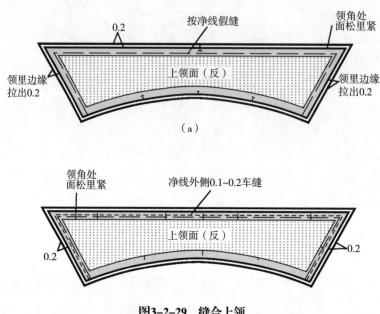

图3-2-29 缝合上领

3. 修剪、熨烫领子的缝份

先将领子左右两领角剪掉,再沿缝线将缝份往领面一侧折烫,见图3-2-30。

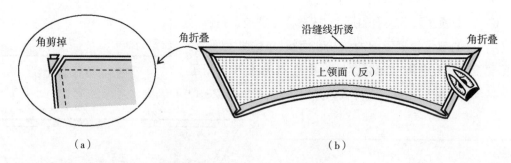

图3-2-30 修剪、熨烫领子的缝份

4. 翻烫领子并车明线

① 将领子翻到正面,整理领角并使左右对称,再用熨斗将领外口线烫成里外匀,见图3-2-31(a)。

② 在领外口线上车止口明线,宽度根据设计选择,见图3-2-31(b)。

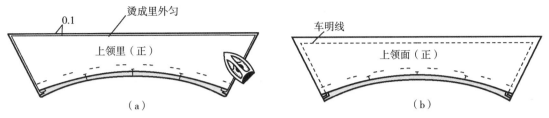

图3-2-31　翻烫领子并车明线

5. 上领与下领缝合

① 将下领面的反面朝上，折转领底线的缝份1cm扣烫，并按净样板画出净线，见图 3-2-32（a）。

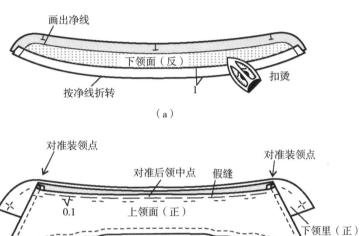

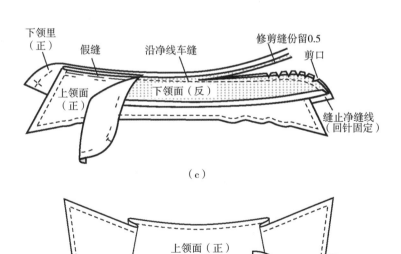

图3-2-32　上领与下领缝合

② 将上领里与下领里正面相对,对准后领中点、左右装领点,在净线外0.1cm处假缝固定,见图3-2-32(b)。

③ 把下领面放在上领面上,使之正面相对,并对准后领中点、左右装领点,用珠针固定后,再沿下领面的净线车缝,然后修剪缝份留0.5cm,并在左右圆角处剪口,见图3-2-32(c)。

④ 把下领翻到正面,整理左右圆角,并熨烫缝合线的止口,见图3-2-32(d)。

6. 装领

① 下领里与衣片正面相对,对准后领中点、颈侧点、前领点,用珠针固定后沿净线车缝,然后把缝份修剪留0.5cm,见图3-2-33(a)。

② 将下领面翻下刚盖住缝合线,再用手针假缝后车缝下领一周固定,最后把假缝线拆掉,见图3-2-33(b)。

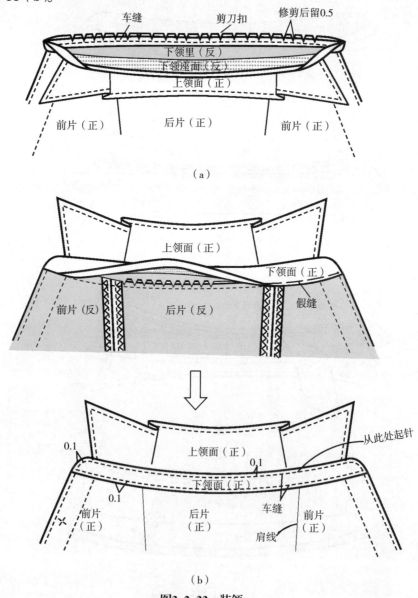

（a）

（b）

图3-2-33 装领

第三节　敞开式领型缝制工艺

敞开式领型是指穿着时敞开前领部分,显露出颈项或内衣的一种领型。它由领子和驳头两部分组成,其造型千变万化,如翻驳领、登驳领、叠驳领、立驳领等。以下介绍较为经典的几种领型的缝制要点。

一、小翻领

图3-3-1　款式图

小翻领常用于衬衫、两用衫等服装中,采用四层合缝的装领方法,款式见图3-3-1。

1. 领子放缝、裁剪、烫黏合衬

① 领面四周均放缝1cm,领里的领外口线放缝0.8cm,领底线放缝1cm,在领面和领里的颈侧点、后领中点分别作出对位记号,再按放缝要求分别裁剪领面和领里,见图3-3-2(a)。

② 在领面的反面烫上黏合衬,见图3-3-2(b)。

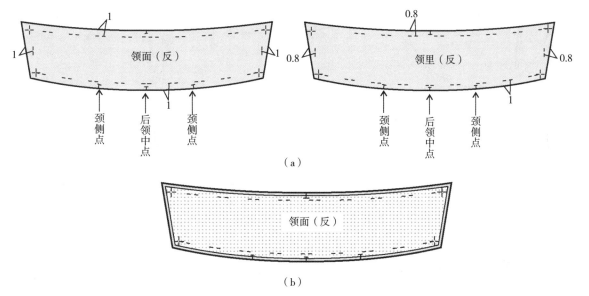

（a）

（b）

图3-3-2　放缝、裁剪、烫黏合衬

2. 缝合领子

① 将领面和领里正面相对,对齐裁边,用珠针固定后沿净线用手针假缝,要求在领角处表领略松里领略紧,见图3-3-3(a)。

② 在领面上,沿净线外0.1cm车缝(即缝份0.9cm),然后将假缝线拆除,见图3-3-3(b)。

③ 修剪缝份留0.5cm,两领角剪掉,沿缝线外0.1cm扣烫缝份,见图3-3-3(c)。

④ 将领子翻到正面,领里朝上扣烫领子的领止口线,使之形成里外匀,见图3-3-3(d)。

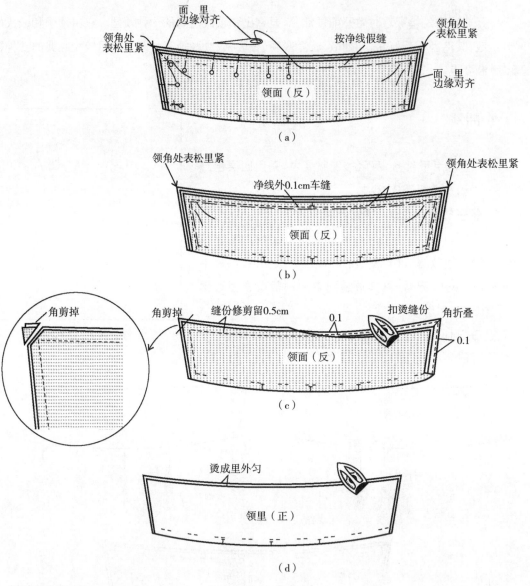

图3-3-3　缝合领子

3. 装领子前的准备

① 将领子翻折成穿着状,观察领底线并修正使领面和领里的领底线对齐,见图3-3-4(a)。

② 将前衣片沿门襟止口线熨烫后,量取装领止点距颈侧点1~1.5cm的距离●,见图3-3-4(b)。

③ 在领面的领底线上,从两端分别量取●的长度,剪口1cm深,再折烫中间的缝份,并

作出左右颈侧点和后领中心的记号,最后对齐领面和领里的领底线,用手针假缝固定,见图3-3-4(c)。

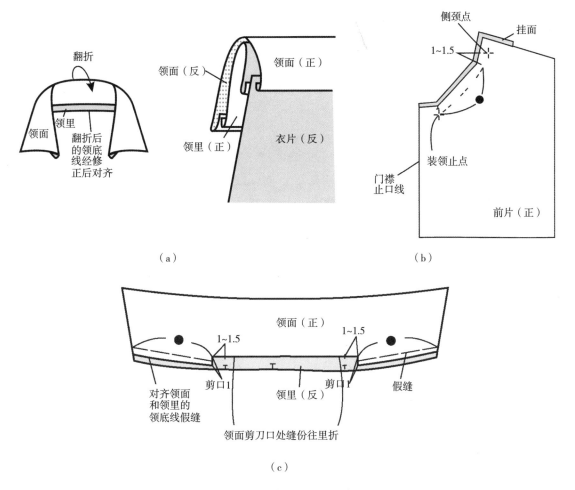

（a） （b）

（c）

图3-3-4 装领子前的准备

4. 装领子

① 如图3-3-5(a)所示,将领子放在衣片上,领底线对齐衣片的装领线,并对准装领止点、颈侧点、后领中点,先用手针假缝,领里的中间部位,要避开领面假缝后再车缝。

② 按门襟止口线翻折挂面,使挂面的装领点与衣片的装领点对齐,再折烫挂面肩线的缝份1cm,先假缝再车缝,见图3-3-5(b)。

③ 在左右装领止点剪口,装领缝份弧度大的部位也需剪口,见图3-3-5(c)。

④ 将挂面翻到正面,装领线倒向领子,再将挂面的肩线用手针缲缝固定,见图3-3-5(d)。

⑤ 在领底线上整理领面中部的缝份,使领面的领底线刚盖住领里装领线,然后车缝固定,见图3-3-5(e)。

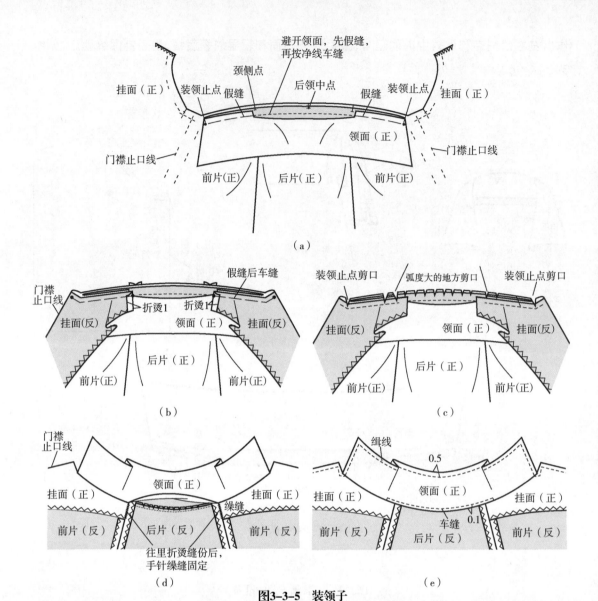

图3-3-5 装领子

二、西装领缝制方法一

西装领款式在衬衫、西装、外套、套装及大衣中应用广泛，既可采用有里布制作，也可采用无里布制作。以下介绍无里布的制作，有里布设计时制作方法相同，只要在挂面和领里处与衣片的里布缝合即可。以下介绍领面和领里分开的装领方法，款式见图3-3-6。

1. 领子放缝、裁剪、烫黏合衬

① 领面四周均放缝1cm，领里的领外口线放缝0.8cm，串口线和领底线均放缝1cm，在领面和领里的颈侧

图3-3-6 款式图

点、后领中点分别作出对位记号,再按放缝要求分别裁剪领面和领里,见图5-3-7(a)。

② 挂面除门襟止口放缝0.8cm外,其余各边放缝1cm,再在反面烫上黏合衬,然后正面朝上,三线包缝侧边,见图3-3-7(b)。

③ 在领面的反面烫上黏合衬,见图3-3-7(c)。

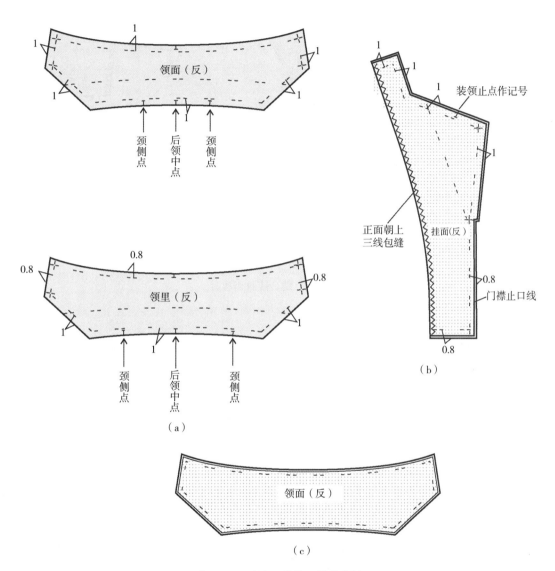

图3-3-7 放缝、裁剪、烫黏合衬

2. 缝合挂面和领面

① 挂面和领面正面相对,挂面的转角处剪口,从装领止点开始车缝至挂面的肩部颈侧点为止,见图3-3-8(a)。

② 用熨斗将缝合线的缝份分开烫平,再分别折烫挂面肩部缝份和领底线中部未缝合部位的缝份1cm,见图3-3-8(b)。

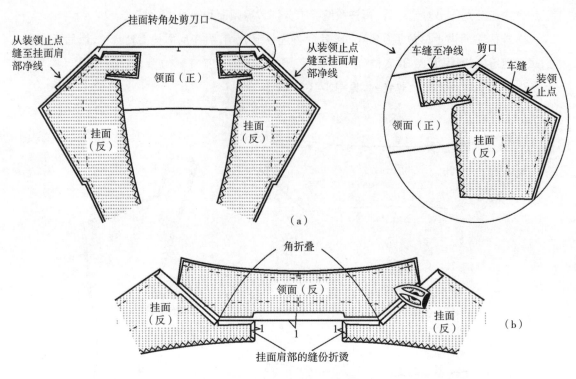

图3-3-8　缝合挂面和领面

3. 缝合衣片和领里

① 衣片和领里正面相对,衣片领圈的转角处剪口,对准后领中点、颈侧点,从一侧的装领止点开始缝至另一侧的装领止点,见图3-3-9(a)。

② 在前衣片的装领缝份上,距肩线3cm处剪口,再将缝份分开烫平,将后装领线的缝份修剪留0.5cm,并剪口,再将缝份往领里一侧烫倒,见图3-3-9(b)。

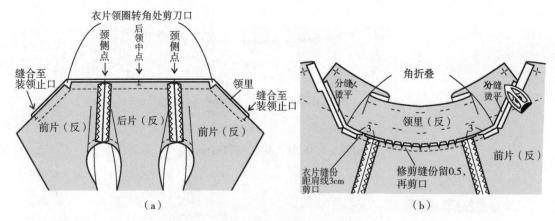

图3-3-9　缝合衣片和领里

4. 缝合衣片门襟止口和领止口

① 将领面和领里正面相对,先用手缝针固定装领处的四个点,见图3-3-10(a)。

② 先将领面和领里外口线的后中点对准,用珠针固定后,用手缝针沿领面的净线假缝,再

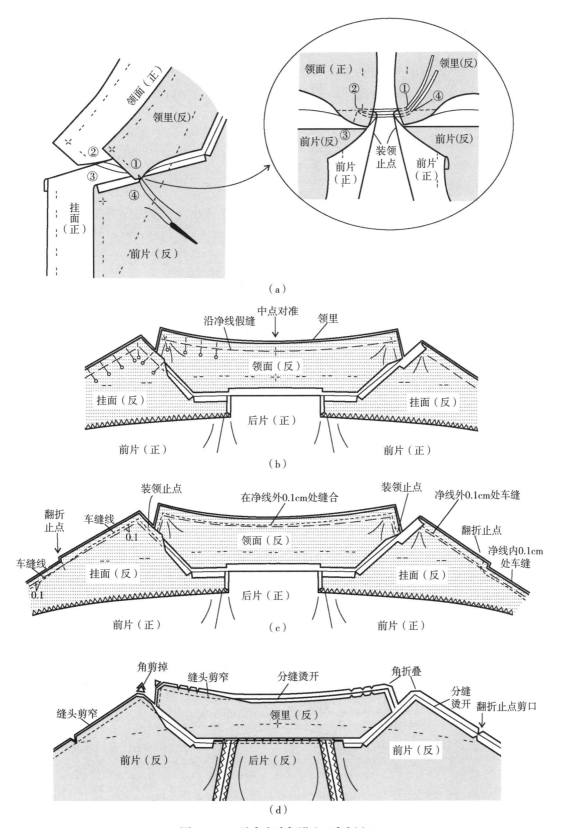

（a）

（b）

（c）

（d）

图3-3-10　缝合衣片门襟止口和领止口

对准衣片和挂面的翻折点,对齐衣片和挂面门襟的边缘,分别将装领止点处的领面和领里、衣片与挂面的缝份掀起手针假缝固定,见图3-3-10(b)。

③ 分别对准装领止点和翻折止点,翻折止点以上的驳领在净线外0.1cm处缝合、翻折点以下的挂面在净线内0.1cm处缝合,车缝到装领止点时,要分别掀开缝份缝合,见图3-3-10(c)。

④ 修剪缝份并熨烫。在翻折止点剪口,领角处的角部剪掉,再将缝份修剪留0.5cm,用熨斗将缝份分开烫平,领角处折叠,见图3-3-10(d)。

5. 翻烫并整理领子

① 把挂面和领子翻到正面,翻折点以上驳领处衣片退进0.1cm,烫成里外匀。翻折点以下门襟处挂面退进0.1cm,烫成里外匀。领子外沿,领里退进0.1cm,烫成里外匀。最后在前装领处的反面,将中间部位的缝份用手针固定,见图3-3-11(a)。

② 整理领子,翻折成着装状态,再将领面后领圈的缝份压住领里装领线,用0.1cm车缝固定。最后将挂面的肩线部分用手针缲缝或车缝固定,见图3-3-11(b)。

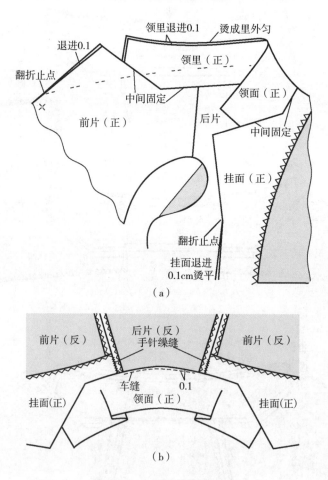

（a）

（b）

图3-3-11　翻烫并整理领子

三、西装领缝制方法二

款式见图3-3-12。

1. 领面和挂面的样板制作（适合中厚型面料）

若是中厚型面料,领面和挂面的样板需作技术处理。

（1）领面样板制作参照前述领面样板技术处理

（2）挂面样板制作

① 确定剪开位置及对位记号,见图3-3-13（a）。

② 若挂面上的驳领面比衣片上的驳领里少0.1~0.15cm, 就能使驳领翻折自然、漂亮。同时在缝制挂面内侧时,经常会出现起吊现象,所以要加上松量,见图3-3-13（b）。

③ 剪开驳领翻折线,平行加入0.2~0.3cm作为翻折时的松量,该量随面料厚薄适量增减, 并与领面的翻折松量相等,见图3-3-13（c）。

④ 驳领外围要加上绕到里侧的松量（里外匀）0.2cm,翻折止点的段差是为了使驳领翻折自然作为松量加上的,见图3-3-13（d）。

图3-3-12 款式图

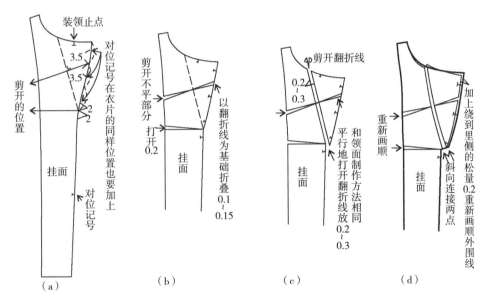

图3-3-13 挂面样板制作（适合中厚型面料）

2. 放缝、裁剪

① 领面、领里四周均放缝1cm。

② 挂面的放缝如图3-3-14所示,挂面下端要多放出0.3~0.5cm（视面料的热缩率）,这是因为熨烫黏衬时挂面会产生缩率的原因。前衣片在烫上黏衬后,再把纸样放在上面,重新画上里驳领及前门襟止口部位的对位记号、净线的记号。因为缝合时前片放在上面,画上净线后就很容易缝制。挂面烫上黏衬后,也需把纸样放在上面重新画出对位记号。

3. 烫黏合衬的方法

通常情况下,挂面、领面、领里都要烫上黏合衬(除有特殊要求的款式外)。前衣片烫黏合衬的方法有3种,见图3-3-15。

① 图3-3-15(a)适合于无里子布的单层上衣。

② 图3-3-15(b)适合于较柔软的无里子布上衣。

③ 若是有里子布的上衣,前片可以全部黏衬,也可以部分黏衬,应根据面料及款式灵活掌握。

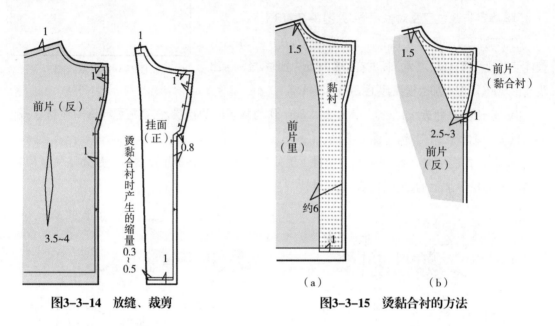

图3-3-14 放缝、裁剪　　　　　图3-3-15 烫黏合衬的方法

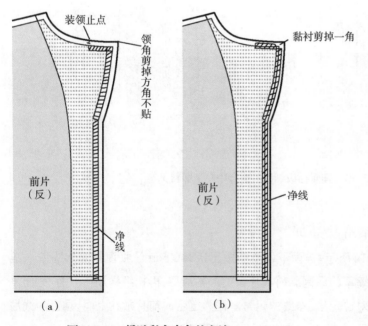

图3-3-16 烫贴黏合牵条的方法

4. 烫贴黏合牵条的方法

烫贴黏合牵条的目的是防止前门襟止口线变形,驳领角由于缝份重叠而变得过厚,故牵条要剪掉一角不贴。首先把衣片的前门襟止口线与纸样对正,整理成直线,注意不要拉伸,把牵条平放在上面,从正上方用熨斗加压黏贴,牵条别拉伸烫,否则前端可能会起吊。加烫牵条的位置,根据领子正面有无装饰线分为两种情况。

① 图3-3-16（a）领面车装饰明线时，牵条沿净线里侧烫。

② 图3-3-16（b）领面不车装饰明线时，牵条压在净线中间烫。

5. 缝制领子

（1）拼接领里

先在两片领里的反面各自烫上薄型无纺衬，然后按净线拼接后中线，再分缝烫开，在翻折线车缝一道线，领面的反面全部烫上黏合衬，见图3-3-17（a）。

（2）缝制领子

见图3-3-17（b），具体缝制方法参照图3-3-3。

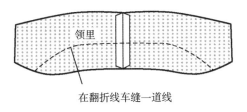

在翻折线车缝一道线

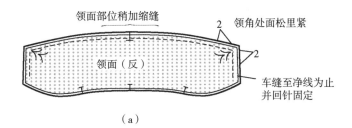

（a）

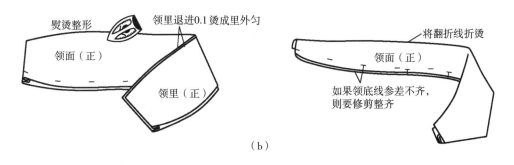

（b）

图3-3-17　缝制领子

6. 前片与挂面缝合

① 将前片和挂面正面相对，并对准对位记号，先假缝；驳领翻折止点的段差，尽可能拉进内侧缝合，这种松量就会成为驳领翻折时的松量，见图3-3-18（a）。

② 按图中步骤处理缝份，在翻折止点剪口（注意不要剪断缝线），将衣片的缝份修剪留0.5cm，驳领领角及下摆角部要修剪成0.3~0.5cm，再将门襟处的缝份分开烫平，下摆贴边向上烫平，图3-3-18（b）。

③ 衣片翻到正面，翻折止点以上，衣片退进0.1cm，将驳领止口烫成里外匀，翻折止点以下挂面退进0.1cm，将门襟止口烫成里外匀，见图3-3-18（c）。

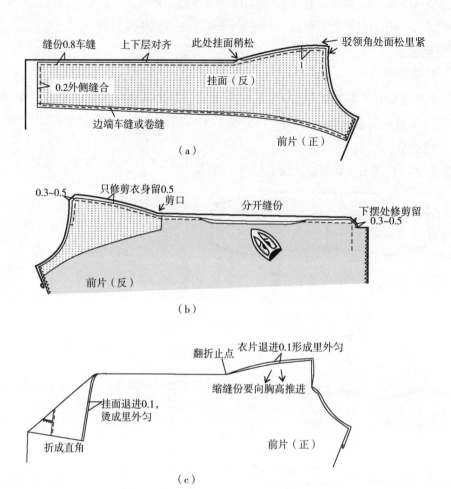

缝份0.8车缝　　上下层对齐　　此处挂面稍松　　　　驳领角处面松里紧

0.2外侧缝合　　　　　　　　　　挂面（反）

边端车缝或卷缝

前片（正）

（a）

0.3~0.5　　只修剪衣身留0.5　　　　　分开缝份　　　　下摆处修剪留
　　　　　　剪口　　　　　　　　　　　　　　　　　　0.3~0.5

前片（反）

（b）

翻折止点　衣片退进0.1形成里外匀

挂面退进0.1，　　　　缩缝份要向胸高推进
烫成里外匀

折成直角　　　　　　　　前片（正）

（c）

图3-3-18　前片与挂面缝合

7. 缝合肩线

装领前，先确认衣片上的领围与纸样是否一致，左右是否对称，若有伸长，需用熨斗加以缩烫，直至与纸样等长。然后将前后衣片正面相对，前衣片放上层，对齐肩缝车缝时，后肩线中部需缩缝，见图3-3-19。

8. 装领

① 把领面、领里分别与衣片和挂面缝合，注意角部的处理方法，见图3-3-20（a）。

② 把挂面与衣片的缝份修剪为0.5cm，在圆弧处斜向剪口，见图3-3-20（b）。

③ 在挂面处的领面、领里部位用手缝固定，要考虑翻折后领子的松量，见图3-3-20（c）。

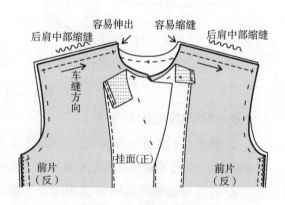

容易伸出　　容易缩缝

后肩中部缩缝　　　　　　　　后肩中部缩缝

车缝方向

前片（反）　　挂面（正）　　前片（反）

图3-3-19　缝合肩线

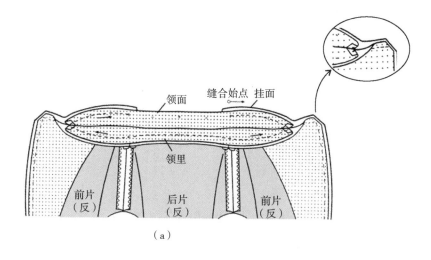

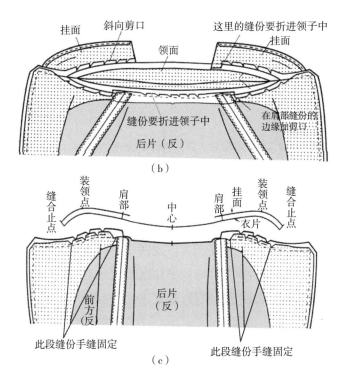

图3-3-20 装领

9. 翻烫并车缝固定领子各部位

将驳领和翻领翻到正面,需确认领子的形状,如一边有缩缝现象,则要重新装领,按图 3-3-21所示步骤将领子、肩线、领底线中部、领外围线等部分车缝固定。

10. 翻领和驳领止口车装饰明线的方法

翻领和驳领止口车装饰明线的方法通常有三种,见图3-3-22。

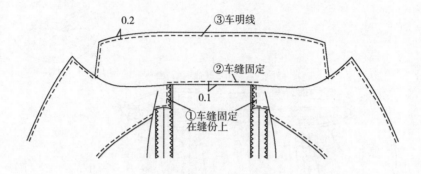

图3-3-21　翻烫并车缝固定领子各部位

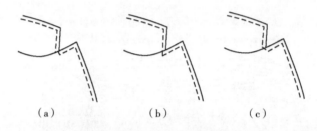

（a）　　　　　　（b）　　　　　　（c）

图3-3-22　翻领和驳领止口车装饰明线的方法

四、燕子领

前领翻折后似燕子展翅的形状而得名，也称翼领。此领的后领与挂面连裁，装领的方法有多种，以下介绍的是挂面拼接的装领方法，此领的缝制方法也适合于青果领，款式见图3-3-23。

1. 放缝、裁剪、烫黏合衬

① 连着挂面的领面四周均放缝1cm，翻折点以下的前门襟止口处放缝0.8cm，后领中线由于连裁故不放缝；领里除领底线放缝1cm外，其余放缝0.8cm；在连挂面的领面和领里的颈侧点、后领中点分别作出对位记号，见图3-3-24（a）。

② 在挂面的上下两部分分别烫上黏合衬，见图3-3-24（b）。

图3-3-23　款式图

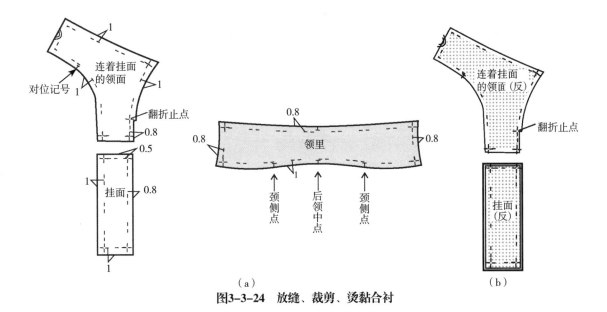

（a）

（b）

图3-3-24　放缝、裁剪、烫黏合衬

2. 拼接挂面

挂面的上下两端正面相对,按净线车缝后分缝烫开,见图3-3-25。

3. 领里与衣身缝合

① 领里与衣片正面相对,领里的后领中点、颈侧点对准衣片领圈的相应点,按净线车缝,见图3-3-26（a）。

② 在前衣片的装领缝份上,距肩线5cm处剪口,再将缝份分开烫平,将后装领线的缝份修剪留0.5cm,并剪口,再将缝份往领里一侧烫倒,见图3-3-26（b）。

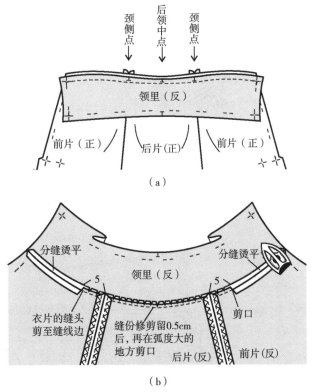

（a）

（b）

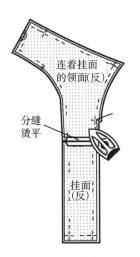

图3-3-25　拼接挂面

图3-3-26　领里与衣身缝合

4. 挂面、领面与领里及衣片缝合

① 将挂面与衣片及领里正面相对,对准领子翻折点及各对位点,在领角处要求领面略松领里稍紧,然后用手针沿净线假缝固定,见图3-3-27(a)。

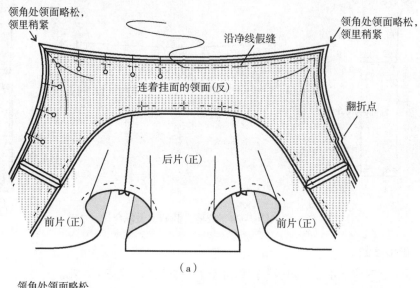

（a）

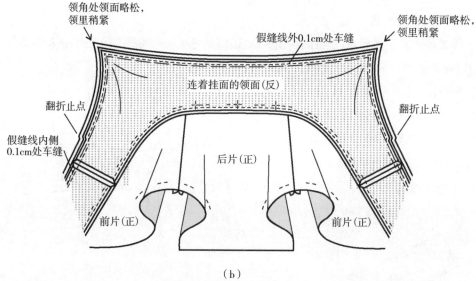

（b）

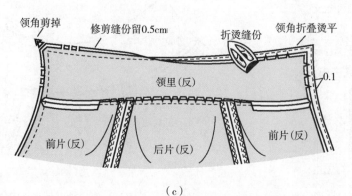

（c）

图3-3-27 挂面、领面与领里及衣片缝合

② 以领子的翻折止点为分界线,翻折点以上在假缝线外0.1cm处车缝,翻折点以下在假缝线内0.1cm处车缝,车缝时注意领角处,领面略松领里稍紧,见图3-3-27(b)。

③ 将缝合线的缝份修剪留0.5cm,领角剪掉,再将缝份往领里处折烫,领角处折叠烫平,见图3-3-27(c)。

5. 翻烫整理领止口和门襟止口

① 将领子翻到正面,翻折止点以上领里退进0.1cm烫成里外匀,翻折止点以下的门襟部位,挂面退进0.1cm烫成里外匀。在连挂面的领面上距肩线5cm处剪口进1cm深,折进挂面侧边1cm,烫平后车缝0.1cm固定折边,见图3-3-28(a)。

② 将领子翻成穿着时的状态,观察领子是否均衡,再折烫连挂面的领面处的领底线两剪口处中间的缝份,见图3-3-28(b)。

③ 将连挂面领面的领底线盖住衣片领圈线,用手针假缝后再车缝固定,最后拆去假缝线,见图3-3-28(c)。

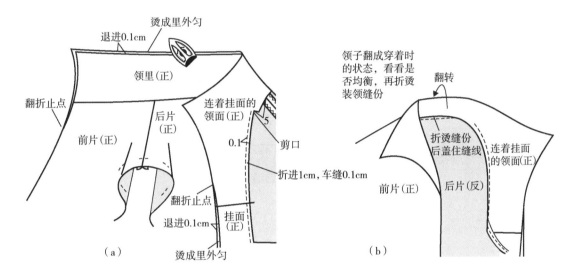

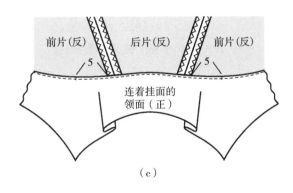

图3-3-28 翻烫整理领止口和门襟止口

第四节　其他领型缝制工艺

图3-4-1　款式图

一、立领

立领是指围着颈部直立而没有翻折线的一类领型,领角可圆可方,常用于衬衫、两用衫等服装中,以下介绍四层合缝的装领方法,此方法适用于薄型面料,款式见图3-4-1。

1. 领子放缝、裁剪、烫黏合衬

① 领面四周均放缝1cm,领里的领外口线放缝0.8cm,领底线放缝1cm,见图3-4-2(a)。

② 在领面反面烫上黏合衬,见图3-4-2(b)。

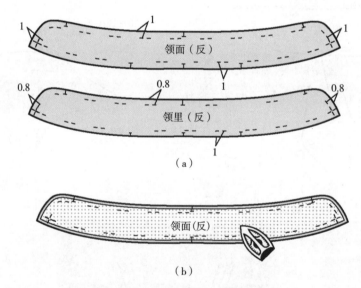

（a）

（b）

图3-4-2　放缝、裁剪、烫黏合衬

2. 缝合领子

① 将领面与领里正面相对,并对准对位记号用珠针固定后,再用手针沿净线假缝。注意在领角处,领面需缩缝,见图3-4-3(a)。

② 在净线外0.1cm处车缝,缝至净线点,见图3-4-3(b)。

③ 把假缝线拆掉,将领里的领底线缝份按净线折转扣烫,再将领外口线的缝份修剪留0.5cm,圆角处修剪留0.3cm,见图3-4-3(c)。

④ 把领外口线的缝份按领里净样扣烫,倒向领里,见图3-4-3(d)。

⑤ 把领子翻到正面,领里退进0.1cm烫成里外匀,见图3-4-3(e)。

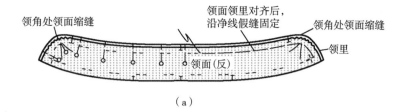

（a）

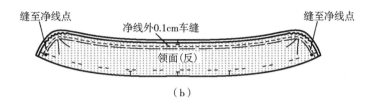

（b）

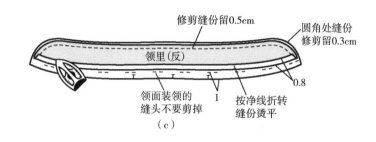

（c）

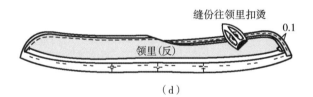

（d）

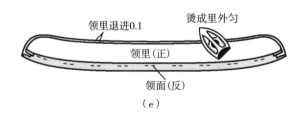

（e）

图3-4-3　缝合领子

3. 装领子

① 将领面与衣片正面相对，领子的后中点、颈侧点分别与衣片领圈的相应点对准，对齐左右装领点先假缝，再沿净线车缝，见图3-4-4（a）。

② 将装领缝份修剪留0.5cm，在弧线较大的缝份上剪口，再将缝份倒向领面侧，把领里的领底线盖住领面装领线，车缝0.1cm固定，注意领面要平整，见图3-4-4（b）。

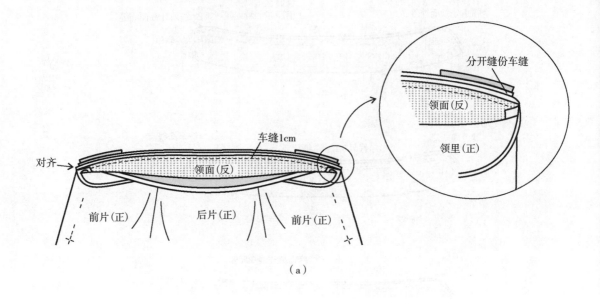

（a）

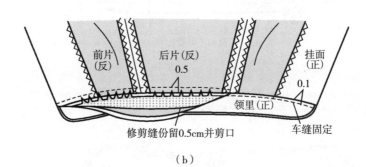

（b）

图3-4-4　装领子

图3-4-5　款式图

二、连衣立领

连衣立领的领子与衣片连裁，款式见图3-4-5。

1. 挂面和后领贴边放缝、烫黏合衬

① 挂面、后领贴边放缝见图3-4-6（a）。

② 在挂面、后领贴边的反面烫上黏合衬，见图3-4-6（b）。

③ 为使衣身与人体的颈部贴合，在后领贴边的颈侧点熨烫将缝份拉伸，见图3-4-6（c）。

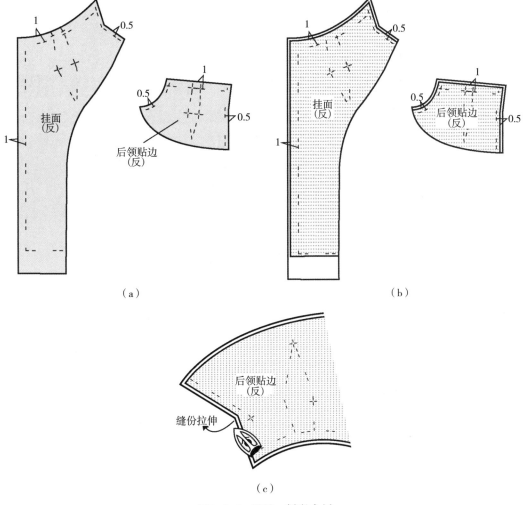

（a）　　　　　　　　　　　　　　（b）

（c）

图3-4-6　放缝、烫黏合衬

2. 缝合省道

① 按省道位置车缝后领贴边省道,挂面省道的车缝方法也相同,见图3-4-7（a）。

② 沿省道中线剪开省道,并分缝烫平,挂面省道的处理方法也相同,见图3-4-7（b）。

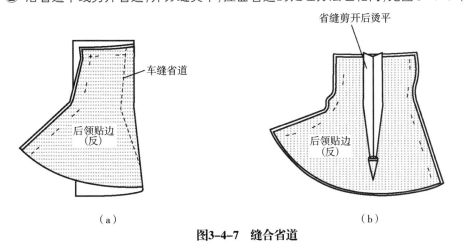

（a）　　　　　　　　　　　　　　（b）

图3-4-7　缝合省道

3. 拼接后领贴边、缝合肩线

① 拼接后领贴边中线,将缝份分开烫平,见图3-4-8 (a)。

② 将挂面与后领贴边正面相对,对齐肩线后车缝,见图3-4-8 (b)。

③ 将肩缝、前后省道分别剪口,再分缝烫开;然后把挂面和后领贴边的外侧三线包缝,见图3-4-8 (c)。

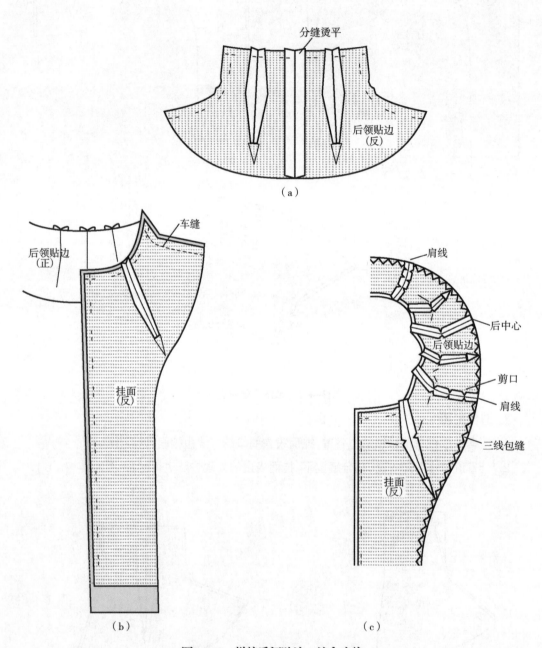

图3-4-8　拼接后领贴边、缝合肩线

4．挂面、后领贴边与衣片缝合

① 将挂面、后领贴边与衣片正面相对，对齐后中点、侧颈点、前领口点，从一侧的下摆门襟开始经领圈车缝至另一侧的下摆门襟，见图3-4-9（a）。

② 门襟处缝份修剪后留0.5cm，领圈缝份修剪后留0.3~0.4cm，在领圈弧线大的部位剪口，见图3-4-9（b）。

③ 翻转衣片到正面，整理领角的形状后，将后领贴边和挂面退进0.1cm，烫成里外匀，根据设计可在门襟和领圈止口处车明线固定，见图3-4-9（c）。

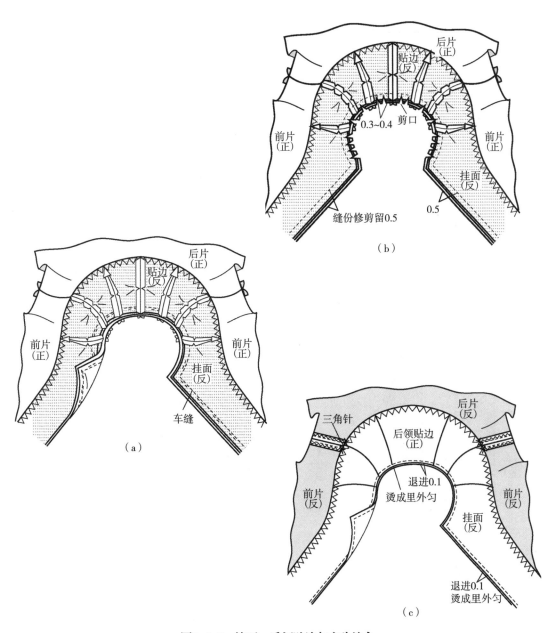

图3-4-9　挂面、后领贴边与衣片缝合

图3-4-10 款式图

三、蝴蝶结领

蝴蝶结领常用于女式衬衫中,适合于较柔软的面料缝制。缝制工艺有双层和单层之分,其制图与缝制的方法各不相同。款式见图3-4-10。

1. 制图、放缝

净样制图方法见图3-4-11,毛样需在领子净样的基础上四周均放缝1cm。

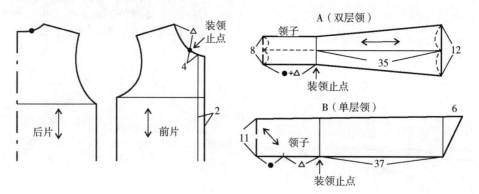

图3-4-11 制图、放缝

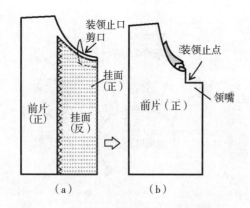

图3-4-12 缝合衣片门襟上端的领嘴

2. 双层蝴蝶领的缝制

(1) 缝合衣片门襟上端的领嘴

① 在门襟贴边反面烫黏衬,缝合门襟上端的领嘴,并回针固定,然后在装领点剪口(注意不能剪断缝线),见图3-4-12(a)。

② 将门襟翻转到正面,整理领嘴并熨烫,见图3-4-12(b)。

（2）绱领子

从装领点开始,将衣片装领线与领子的领底线缝合,注意车缝的两端点要回针固定,见图3-4-13。然后把衣片领围的缝份修剪成0.5cm,领弧较大处要斜向剪口,再将另一侧领底线折进0.8cm烫平。

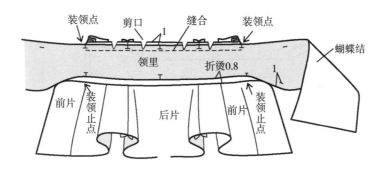

图3-4-13　绱领子

（3）车缝蝴蝶结

从装领点开始,车缝两头蝴蝶结,将蝴蝶结的角部修剪,再折烫缝份,便于翻出,见图3-4-14。

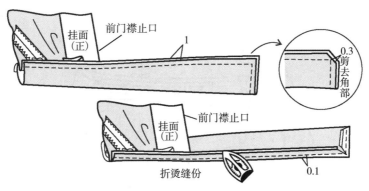

图3-4-14　车缝蝴蝶结

（4）翻折蝴蝶结并车缝固定领底线

将两头蝴蝶结翻到正面,熨烫平整,然后从装领点开始车缝固定领底线,见图3-4-15。

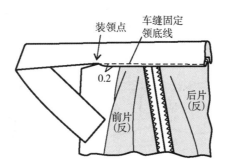

图3-4-15　翻折蝴蝶结并车缝固定领底线

3. 单层蝴蝶结的缝制

（1）四周卷边

除领底线以外，在蝴蝶结的四周卷边车缝，见图3-4-16。

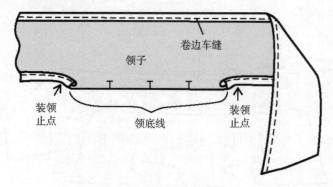

图3-4-16　四周卷边

（2）绱领子

① 将领子与衣片正面相对，车缝或假缝暂时固定后，再把斜布条放在领子上，两端超过挂面1cm进行车缝，见图3-4-17（a）。

② 修剪领底线留0.5cm的缝份，并在弧度较大处斜向剪口，最后将斜布条折转包住缝份0.5cm车缝固定，见图3-4-17（b）。

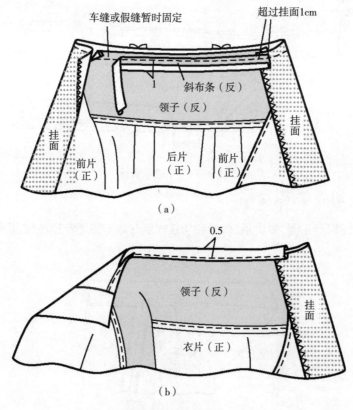

图3-4-17　绱领子

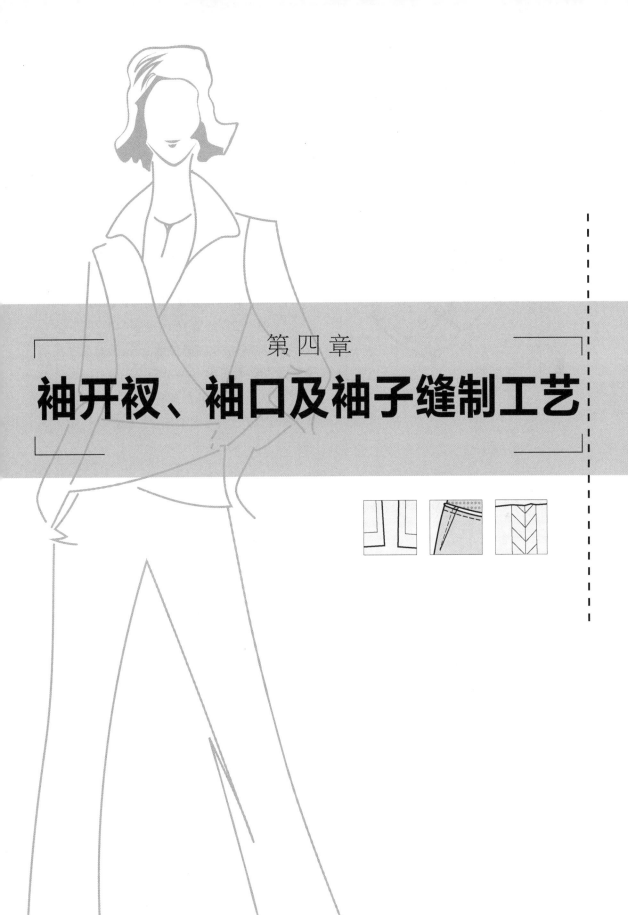

第四章

袖开衩、袖口及袖子缝制工艺

第一节 袖开衩缝制工艺

一、宝剑头袖衩（缝制方法一）

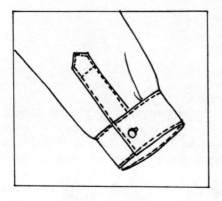

图4-1-1 款式图

宝剑头袖衩常用于男、女衬衫中,其缝制方法有多种,以下介绍的方法是在大袖衩两侧车缝明线、袖衩反面烫黏合衬,常用于易变形、易脱丝的面料中,款式见图4-1-1。

1. 袖片和袖衩放缝、烫黏合衬、扣烫

① 袖片四周放缝1cm,见图4-1-2（a）。

② 大、小袖衩四周放缝1cm,裁剪后在反面烫无纺黏合衬,图4-1-2（b）。

③ 大、小袖衩分别按各自的净样板扣烫,修剪一侧留0.7 cm,见图4-1-2（c）。

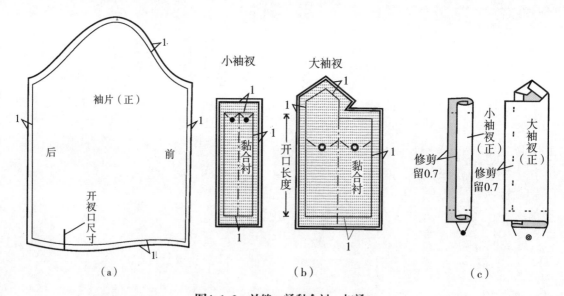

图4-1-2 放缝、烫黏合衬、扣烫

2. 大、小袖衩与袖片缝合

① 将袖片反面朝上,在袖口的袖衩位置,把大、小袖衩分别与袖片缝合,两缝线相距1.5cm,见图4-1-3（a）。

② 在大、小袖衩缝合线的中间,剪口成Y形,图4-1-3（b）。

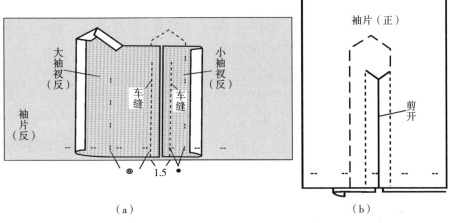

（a）　　　　　　　　　　　　（b）

图4-1-3　大、小袖衩与袖片缝合

3. 整理袖衩并车缝完成

① 将袖衩翻到正面,先整理小袖衩,并车缝0.1cm固定小袖衩,注意下方的缝线不能露出;然后将袖衩剪口上端的三角折上后与小袖衩上端缝份一道车缝固定,见图4-1-4(a)。

② 整理大袖衩,避开小袖衩,在大袖衩的两侧车缝0.1cm,缝线车至Y形剪口顶端,见图4-1-4(b)。

③ 将小袖衩与大袖衩上下叠放平整,车缝固定大袖衩上端宝剑头部分,见图4-1-4(c)。

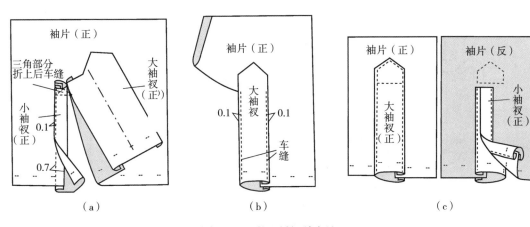

（a）　　　　　　　　（b）　　　　　　　　（c）

图4-1-4　整理袖衩并车缝

二、宝剑头袖衩（缝制方法二）

此缝制方法是在大袖衩一侧车缝明线,袖衩不烫黏合衬,适合于不易变形和不易脱丝的面料,款式见图4-1-5。

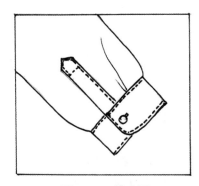

图4-1-5　款式图

1. 放缝、裁剪、扣烫袖衩

① 袖片四周放缝1cm,在后袖片的袖口上确定开衩位置和长度,见图4-1-6(a)。

② 制作大小袖衩的净样板,见图4-1-6(b)。

③ 大小袖衩放缝,见图4-1-6(c)。

④ 按净样板扣烫大袖衩,两侧缝份为0.9 cm,在里袖衩上端距折烫边1 cm处,剪入1 cm深的口子,然后折烫袖衩,里袖衩比表袖衩多出0.05 cm,见图4-1-6(d)。

⑤ 扣烫小袖衩两侧,缝份为0.9 cm,上端距中剪入1 cm深的口子,然后折烫袖衩,里袖衩比表袖衩多出0.05 cm,见图4-1-6(e)。

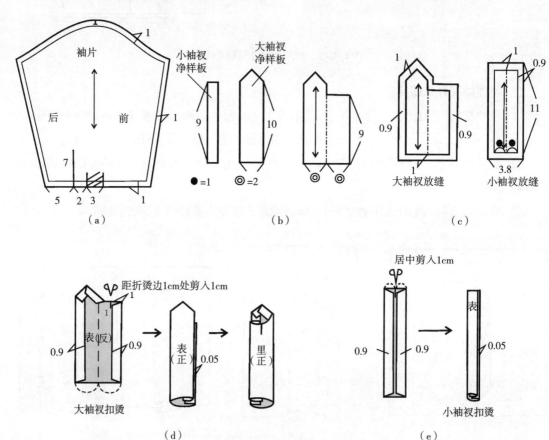

图4-1-6 放缝、裁剪、扣烫袖衩

2. 车缝固定小袖衩

① 先将袖片袖口处的袖衩位置按开口长度剪开,将小袖衩正面对准袖片反面,把小袖衩顶端剪口对准袖片开口顶端,两者一起车缝固定,见图4-1-7(a)。

② 把小袖衩翻到袖片的正面,夹进袖片开口缝份1cm,在小袖衩上沿折烫边车缝0.1cm固定,见图4-1-7(b)。

3. 车缝固定大袖衩

① 将大袖衩正面对准袖片反面,把大袖衩顶端剪口对准袖片开口另一侧的顶端,两者一起

车缝固定,见图4-1-8(a)。

② 把大袖衩翻到袖片的正面,夹进袖片开口缝份1cm,在大袖衩上沿折烫边车缝0.1 cm至宝剑头处,大袖衩压明线的线路顺序,左右袖片方向相反,见图4-1-8(b)。

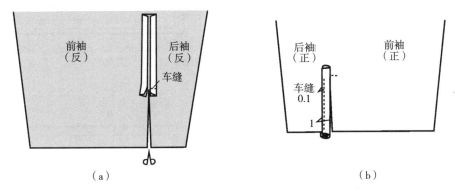

（a） （b）

图4-1-7 车缝固定小袖衩

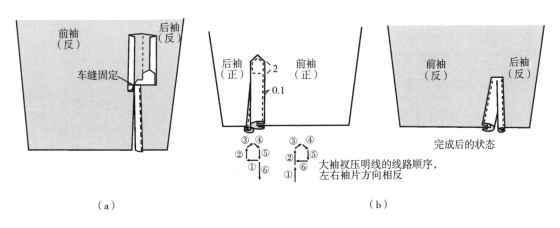

（a） （b）

图4-1-8 车缝固定大袖衩

三、滚边式袖开衩

此缝制方法是用扣烫好的袖衩条用滚边的方法夹住开衩车缝,不适合易毛出或较厚的面料,常用于女式衬衫和童装中,款式见图4-1-9。

1. 放缝、裁剪、扣烫袖衩

① 袖片四周放缝1cm,在后袖片的袖口上确定开衩位置和长度,见图4-1-10(a)。

② 袖衩条放缝后扣烫,见图4-1-10(b)。

2. 装袖衩条

① 在袖口开衩部分剪口,见图4-1-11(a)。

② 将袖片反面朝上,把袖衩剪口拉出直线,与袖衩条正面相对,用珠针固定后距边0.5cm

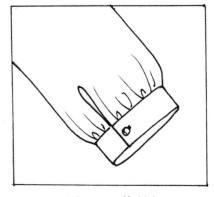

图4-1-9 款式图

车缝,注意袖衩剪口顶端必须缝住,见图4-1-11 (b)。

③ 将袖片翻到正面,折转袖衩条盖住第一次缝线后车缝0.1cm固定,见图4-1-11 (c)。

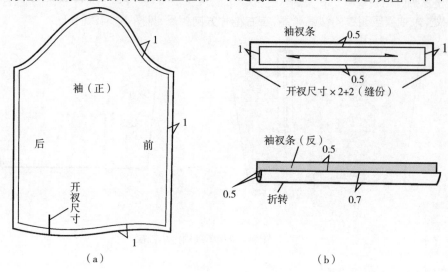

（a）

（b）

图4-1-10　放缝、裁剪、扣烫袖衩

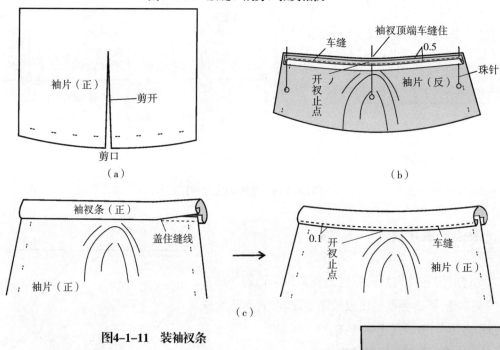

（a）

（b）

（c）

图4-1-11　装袖衩条

3. 固定袖衩条顶端

将袖片反面朝上,把袖衩条顶端斜向车缝固定,见图4-1-12。

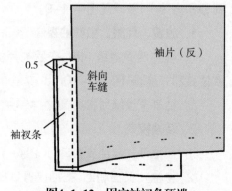

图4-1-12　固定袖衩条顶端

四、贴边式袖开衩

贴边式袖开衩是运用贴边布与袖开衩缝合,在正面只看到一条缝隙,若是较薄或较柔软的面料,可在贴边布的反面烫上黏合衬,款式见图4-1-13。

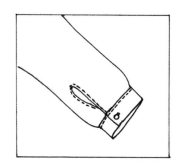

图4-1-13 款式图

1. 放缝、袖衩贴边裁剪

① 袖片四周放缝1cm,在后袖片的袖口上确定开衩位置和长度,见图4-1-14（a）。

② 袖衩贴边裁剪后,在外缘三线包缝,若是薄型或柔软的面料,需在反面烫黏合衬;然后画出袖衩开口位置,见图4-1-14（b）。

2. 装袖衩贴边

① 将袖衩贴边与袖子正面相对,袖衩贴边的开口位置对准袖子的开口位置,见图4-1-15（a）。

② 在袖衩开口位置的两侧车缝,左右缝线相距0.5cm,见图4-1-15（b）。

③ 将袖衩开口剪开,注意不要剪断缝线,见图4-1-15（c）。

④ 把袖衩贴边翻到正面,烫平整,见图4-1-15（d）。

⑤ 沿袖开衩止口缉线0.1cm固定,见图4-1-15（e）。

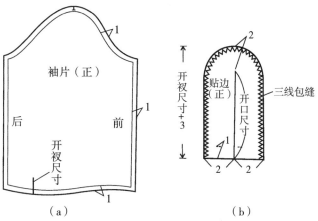

图4-1-14 放缝、袖衩贴边裁剪

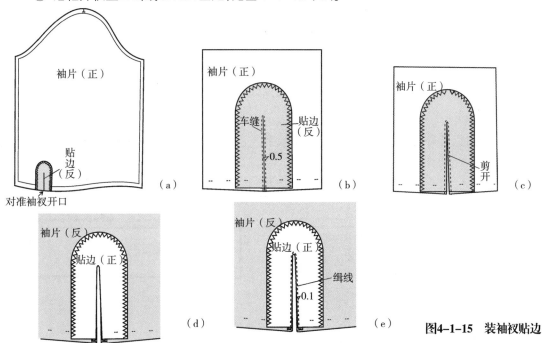

图4-1-15 装袖衩贴边

第二节　袖克夫和袖口翻边缝制工艺

一、衬衫袖克夫缝制（方法一）

该衬衫的袖口抽细褶,袖克夫表里连裁,常用于女衬衫中。款式见图4-2-1。

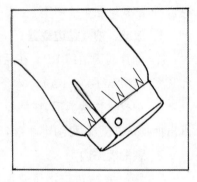

图4-2-1　款式图

1. 袖克夫放缝、烫黏合衬

① 袖克夫表里连裁,在四周放缝1cm,见图4-2-2（a）。

② 在袖克夫的反面烫上黏合衬,见图4-2-2（b）。

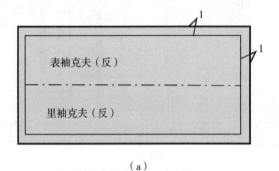

（a）

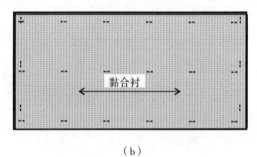

（b）

图4-2-2　袖克夫放缝、烫黏合衬

2. 做袖克夫

① 将表袖克夫一侧折转1cm扣烫,见图4-2-3（a）。

② 沿袖克夫中线对折,在两端车缝1cm,见图4-2-3（b）。

③ 把袖克夫翻到正面,整理左右两角成方角,再扣烫成型,见图4-2-3（c）。

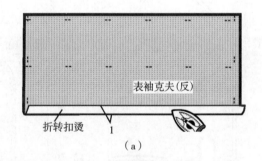

（a）

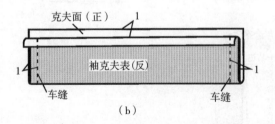

（b）

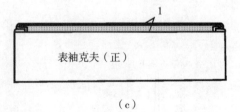

（c）

图4-2-3　做袖克夫

3. 装袖克夫

① 放长针距在距离袖口边0.8 cm处车缝一周,留出线头,见图4-2-4(a)。

② 将面线抽紧,使袖口抽缩,收缩后袖口长度比袖克夫短1.5cm,见图4-2-4(b)。

③ 将袖克夫放在袖片反面的袖口上,使里袖克夫与袖口对齐,按1cm车缝,见图4-2-4(c)。

④ 将袖克夫翻到袖片正面,把缝份倒向袖克夫,同时使袖克夫折烫边刚盖住里袖克夫缝合线,然后车缝0.1 cm固定,见图4-2-4(d)。

⑤ 将袖克夫的另外三边车缝0.1cm明线,见图4-2-4(e)。

⑥ 在袖克夫的一侧锁扣眼,另一侧相应位置钉扣,见图4-2-4(f)。

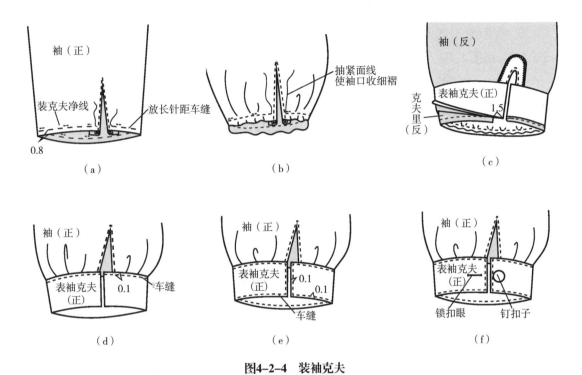

图4-2-4 装袖克夫

二、圆角衬衫袖克夫缝制（方法二）

该衬衫袖口打褶,袖克夫呈圆角,表里各自裁剪,常用于男、女衬衫中,款式见图4-2-5。

1. 袖克夫放缝、烫黏合衬

① 袖克夫表里分开裁剪,样板相同,在四周放缝1cm,见图4-2-6(a)。

② 在袖克夫的反面烫上黏合衬,见图4-2-6(b)。

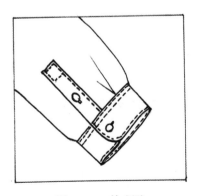

图4-2-5 款式图

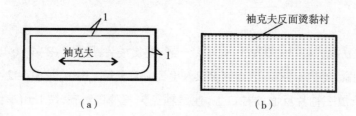

（a）　　　　　　　　　　（b）

图4-2-6　袖克夫放缝、烫黏合衬

2. 做袖克夫

① 将表袖克夫反面朝上，上口折烫1cm后按0.8cm车缝，然后再在上面按净样板画线，见图4-2-7（a）。

② 将袖克夫表里正面相对，表袖克夫放上层，把里袖克夫多出的1cm缝份折转盖住表袖克夫上口的缝份，最后沿净线车缝三周，见图4-2-7（b）。

③ 修剪缝份，圆角处留0.3cm，其余缝份留0.6cm，然后把袖克夫翻到正面，整理成型后烫成里外匀，见图4-2-7（c）。

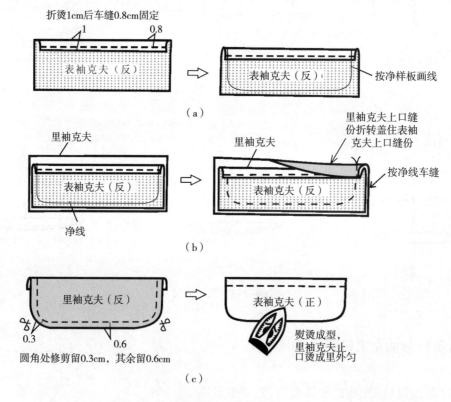

图4-2-7　做袖克夫

3. 装袖克夫

① 在袖口，按褶裥剪口折叠褶裥，并往袖衩方向折倒，然后距袖口边0.8cm车缝固定褶裥，见图4-2-8（a）。

② 将袖克夫夹住袖口缝份1cm，沿边0.1cm用闷缝固定，其余三边车0.6cm的明线，见图4-2-8（b）。

③ 袖克夫锁、钉：左右袖的大袖衩各锁眼一个，小袖衩各钉扣子一颗，见图4-2-8（c）。

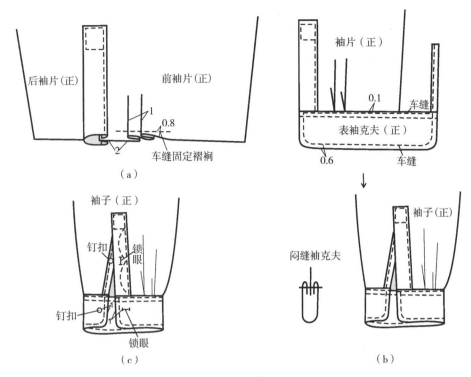

图4-2-8　装袖克夫

三、袖口翻边的缝制（分开裁剪压明线法）

袖口翻边既可采用本色面料，也可采用异色面料，常用于男、女衬衫的袖口中，也可以用于裤子的裤脚口，此方法较适合中厚型的面料，款式见图4-2-9。

1. 袖片和袖口布放缝、烫黏合衬

① 袖片、袖口布放缝，见图4-2-10（a）。

② 袖口布的反面烫无纺黏合衬，见图4-2-10（b）。

图4-2-9　款式图

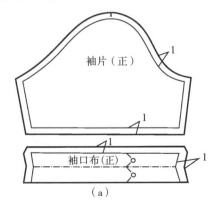

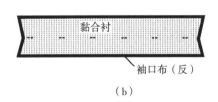

（b）

图4-2-10　放缝、烫黏合衬

2. 袖片与袖口布缝合

① 袖片与袖口布正面相对,对齐裁边,按1cm缝合,见图4-2-11(a)。

② 把袖口布翻到正面,烫平,见图4-2-11(b)。

③ 袖口布下口三线包缝,见图4-2-11(c)。

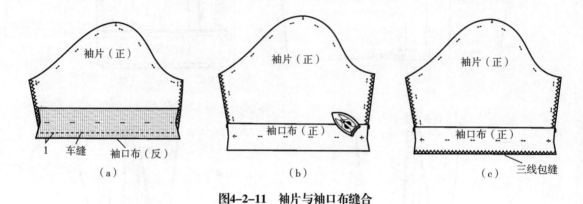

图4-2-11 袖片与袖口布缝合

3. 缝合袖底缝

① 缝合袖底缝至袖口布,缝份为1cm,见图4-2-12(a)。

② 把袖底缝份分开烫平,见图4-2-12(b)。

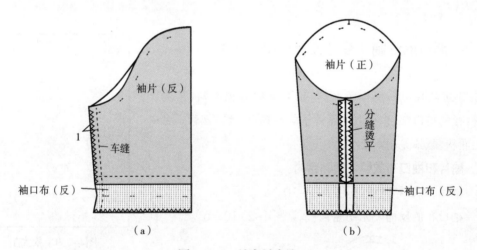

图4-2-12 缝合袖底缝

4. 固定袖口翻边布

① 把袖口翻边布按对折线翻折烫平,用手缝三角缲针固定,见图4-2-13(a)。

② 在正面将袖口布上下侧各自车缝0.1cm固定,也可以不用手缝三角缲针,直接在翻边的正面车缝明线固定,见图4-2-13(b)。

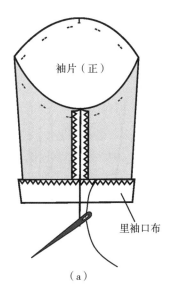

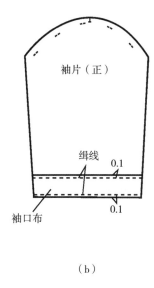

（a）   （b）

图4-2-13　固定袖口翻边布

四、袖口翻边的缝制（连裁压明线法）

袖口翻边与袖片连裁,翻边压宽明线固定,常用于男、女衬衣的袖口或儿童的裤脚口处理。此方法较适合中等厚度或薄型的面料,款式见图4-2-14。

1. 袖片、袖口翻边放缝

画好净样后,将袖口线剪开放出2倍压明线的宽度,再加一倍袖口翻边的宽度,袖口翻边折成完成状后,将袖山线和袖下线各放缝1cm,见图4-2-15。

2. 折叠袖口布并车缝固定

折叠袖口翻边并烫平,再沿折叠线车缝0.5cm或0.7cm的明线,见图4-2-16。

图4-2-14　款式图

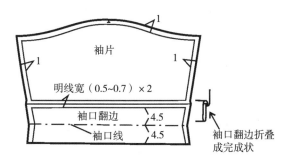

图4-2-15　袖片、袖口翻边放缝

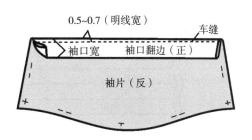

图4-2-16　折叠袖口布并车缝

3. 三线包缝袖下线

将袖口翻边整理成完成状，把袖下线三线包缝，见图4-2-17。

4. 缝合袖下线并固定贴边缝份（图4-2-18）

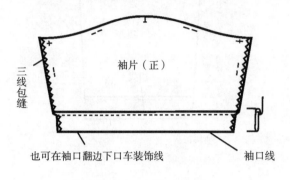

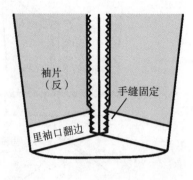

图4-2-17　三线包缝袖下线　　　　图4-2-18　缝合袖下线并固定贴边

五、袖口翻边的缝制（连裁折叠法）

图4-2-19　款式图

袖片与袖口翻边连裁，袖口翻边折叠成双层，常用于男、女衬衫的袖口中，也可以用于裤子的裤脚口，此方法较适合薄型的面料，款式见图4-2-19。

1. 袖片和翻边布放缝、三线包缝

① 袖片、袖口翻边放缝，见图4-2-20（a）。

② 袖下线和袖口线三线包缝，见图4-2-20（b）。

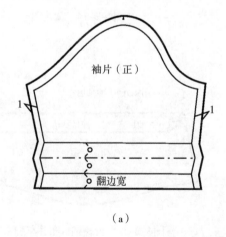

（a）

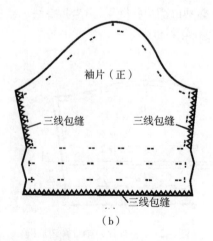

（b）

图4-2-20　袖片和翻边布放缝、三线包缝

2. 缝合袖底缝

① 缝合袖底缝至袖口翻边处,缝份为1cm,见图4-2-21（a）。

② 把袖底缝份分开烫平,翻边折叠处剪口,见图4-2-21（b）。

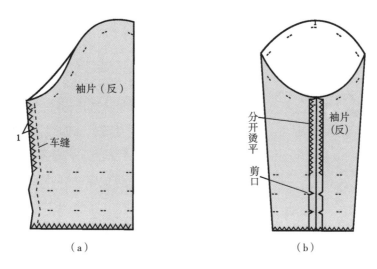

（a）　　　　　　　　（b）

图4-2-21　缝合袖底缝

3. 固定袖口翻边

① 把袖口翻边折叠烫平,见图4-2-22（a）。

② 用手缝三角缲针固定翻边,见图4-2-22（b）。

③ 按袖口线折叠翻边后烫平,在袖底缝处用手缝三角缲针固定翻边,见图4-2-22（c）。

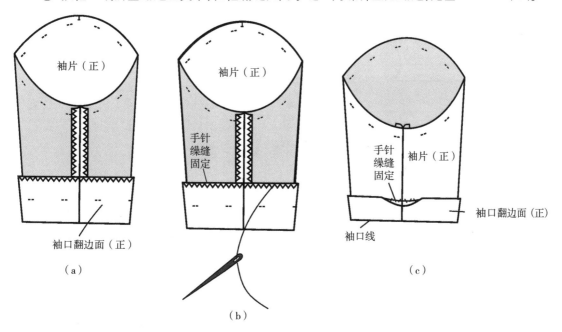

图4-2-22　固定袖口翻边

第三节　装袖类袖子缝制工艺

一、休闲型衬衫袖缝制（袖窿压明线的缝制方法）

图4-3-1　款式图

该袖型在衣片的袖窿处压明线,明线的宽度根据设计选用,通常为0.1~0.5cm。由于在衣片的袖窿处压明线,故袖子的袖山要低,并且袖山线的吃势几乎不要,常应用于低袖山的休闲型衬衫中,袖口三折边处理,款式见图4-3-1。

1. 袖片放缝、折烫袖口贴边

① 袖片放缝见图4-3-2（a）。

② 在袖口扣烫0.8cm的折边,见图4-3-2（b）。

③ 在袖口再次扣烫2 cm的折边,然后按袖下线修剪袖口贴边,使之与袖下线重叠,其目的是为了袖口贴边折上时,不会产生量的不足,见图4-3-2（c）。

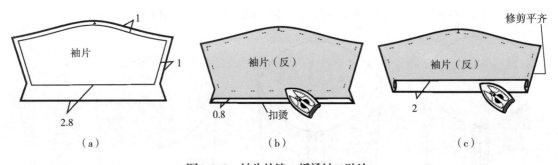

图4-3-2　袖片放缝、折烫袖口贴边

2. 装袖子

① 把袖片与衣片正面相对,袖山点对准衣片的肩缝,用珠针固定,见图4-3-3（a）。

② 沿净线车缝装袖线,车缝时最好把衣片放上层,如果把袖片放在上面车缝,缝份可能会打扭而不易车缝,见图4-3-3（b）。

③ 袖片放上层三线包缝装袖线,见图4-3-3（c）。

④ 把装袖线的缝份往衣片处烫倒,见图4-3-3（d）。

⑤ 在衣片正面袖窿处,车缝0.1或0.3cm的明线,见图4-3-3（e）。

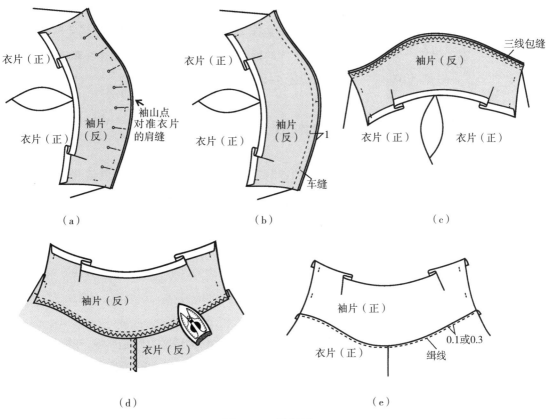

（a）　　　　　　　　　（b）　　　　　　　　　（c）

（d）　　　　　　　　　　　　　（e）

图4-3-3　装袖子

3. 连续缝合袖底线和侧缝线

① 缝合袖底线,要求腋下十字缝对齐,见图4-3-4（a）。

② 三线包缝袖下线和侧缝线,袖下线的袖口贴边部分不需三线包缝,见图4-3-4（b）。

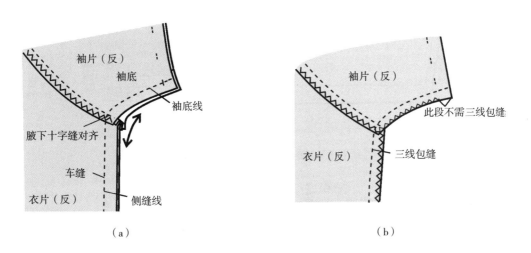

（a）　　　　　　　　　　　　　（b）

图4-3-4　连续缝合袖下线和侧缝线

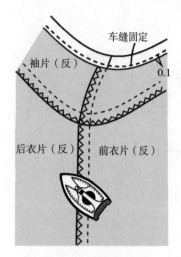

车缝固定

袖片（反）

0.1

后衣片（反）　前衣片（反）

图4-3-5　车缝固定袖口

图4-3-6　款式图

4. 车缝固定袖口

把袖口贴边按净线往上折,整理袖口贴边成完成状,把侧缝线和袖下线的缝份往后片烫倒,然后沿扣烫线车0.1cm的明线固定,见图4-3-5。

二、合体型一片袖缝制

该袖的缝制方法较适合合体型的服装,其缝制步骤是先缝制完成袖子后,再将袖子与衣片缝合,款式见图4-3-6。

1. 袖片放缝、修剪袖口贴边

① 袖片放缝见图4-3-7（a）。

② 将袖口按袖口线折转,确定袖口两侧贴边的形状,见图4-3-7（b）。

2. 做袖子

① 按净线缝合袖底缝,为使袖口贴边平服,在贴边处车缝时比袖底净线稍缝进一点,主要考虑贴边处于袖子的里层,见图4-3-8（a）。

② 把缝份分开烫平,见图4-3-8（b）。

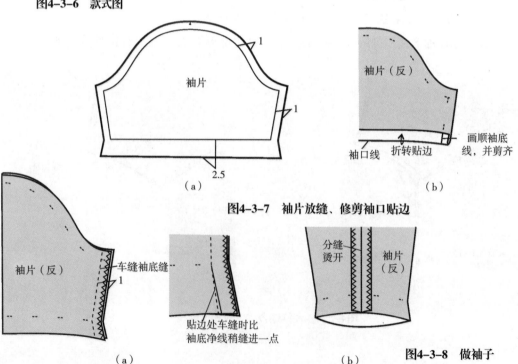

袖片

1

1

2.5

（a）

袖片（反）

画顺袖底线,并剪齐

折转贴边

袖口线

（b）

图4-3-7　袖片放缝、修剪袖口贴边

袖片（反）

车缝袖底缝

1

贴边处车缝时比袖底净线稍缝进一点

（a）

分缝烫开

袖片（反）

（b）　　**图4-3-8　做袖子**

3. 处理袖口贴边

① 把袖口贴边的缝份剪窄,见图4-3-9(a)。

② 袖口三线包缝,见图4-3-9(b)。

③ 按袖口净线折烫贴边,用手缝三角缲针固定,见图4-3-9(c)。

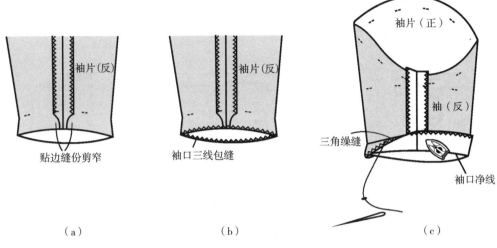

（a）　　　　　　　（b）　　　　　　　（c）

图4-3-9　处理袖口贴边

4. 整理袖山线

① 放长针距在袖山上车缝两道线,袖底缝到两侧约5~6cm不要缝,要求起止留出线头,见图4-3-10(a)。

② 拿起面线的两条线头一起抽缩,见图4-3-10(b)。

③ 调整袖山的缩缝量,整理出漂亮的袖山形状后,分段熨烫将缩缝量烫平固定,见图4-3-10(c)。

5. 装袖子

① 将袖片与衣片正面相对,袖片放上,袖山点对准衣片的肩线,有缩缝量的部位成窝状用珠针固定,没有缩缝量的部位袖子与衣片放平用珠针固定,见图4-3-11(a)。

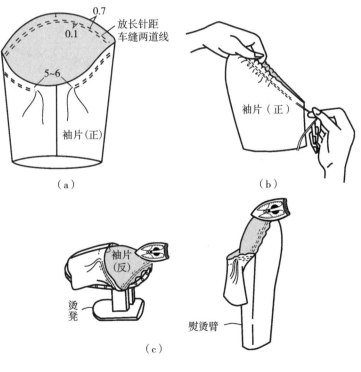

（a）　　　　　　　　（b）

（c）

图4-3-10　整理袖山线

② 用手针距边0.9cm假缝固定袖子,再将袖片翻到正面,确认袖子的形状及袖山的缩缝量是否均匀,见图4-3-11（b）。

③ 将袖片放上,从袖底开始沿净线车缝,结束时要叠缝几针。注意,车缝时不要拉伸、移位,见图4-3-11（c）。

④ 将缝份三线包缝,见图4-3-11（d）。

⑤ 用熨斗沿装袖缝将袖山的缩缝烫平,见图4-3-11（e）。

⑥ 完成后的袖山要饱满、自然,不要起皱,见图4-3-11（f）。

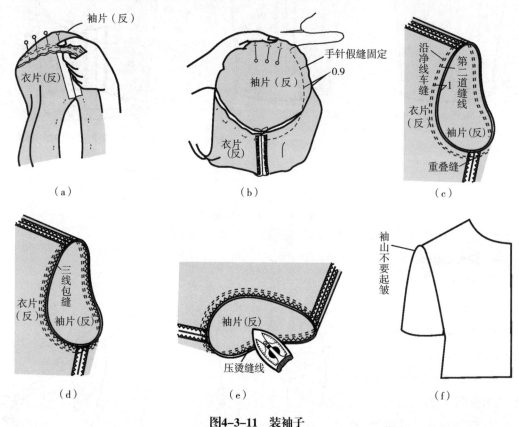

（a）　　　　　　　　（b）　　　　　　　　（c）

（d）　　　　　　　　（e）　　　　　　　　（f）

图4-3-11　装袖子

三、泡泡袖

该袖由于其外型抽许多细褶而成泡泡状得名,它给人以活泼可爱的感觉,常用于童装及女装中。泡袍袖有长、短之分,而缝制方法是一样的,现以短袖加以说明,款式见图4-3-12。

1. 袖片、袖克夫放缝

① 袖片、袖克夫制图见图4-3-13（a）。

② 袖片、袖克夫放缝见图4-3-13（b）。

图4-3-12　款式图

③ 在袖克夫的反面及表袖克夫过中线0.5cm的部位烫黏合衬,见图4-3-13 (c)。

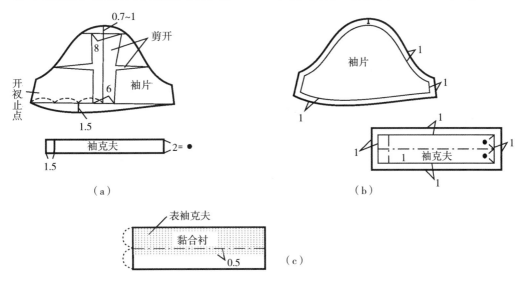

图4-3-13　袖片、袖克夫放缝

2. 袖山弧线和袖口弧线抽褶

① 先沿袖山弧线边缘0.7cm处手针假缝或长针距车缝第一道线,第二道线距第一道线0.2cm。再在袖口缝两道线,方法同上,见图4-3-14 (a)。

② 将袖山弧线上的假缝线抽紧成细褶状,要求以袖中线为中心两边均匀抽线,见图4-3-14 (b)。

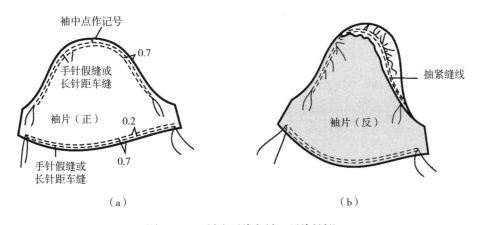

图4-3-14　袖山弧线和袖口弧线抽褶

3. 装袖子

先缝合衣片的肩缝,再把袖片与衣片正面相对,袖窿与袖山线对齐,袖中线刀眼对准衣片肩缝,离边缘1cm车缝。然后将缝份三线包缝后,袖底缝和衣片侧缝也连续三线包缝,见图4-3-15。

4. 缝合衣片侧缝和袖底缝

把装袖缝份往袖片折倒后 (注意不能用熨斗烫平),再连续缝合前后衣片的侧缝和袖底缝,缝合到袖口的开口止点为止,并在此处用倒回针固定,然后将缝份分开烫平,见图4-3-16。

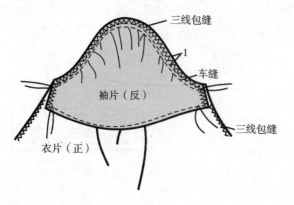

图4-3-15　装袖子

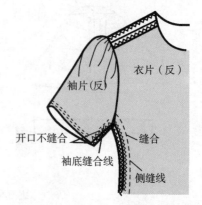

图4-3-16　缝合衣片侧缝和袖底缝

5. 缝制袖克夫

将袖克夫对折,两端缝合。注意在叠门一侧要沿净线车缝,倒回针固定后剪口;在另一端把袖克夫的边缘折上1cm后车缝。最后把袖克夫翻至正面烫平,见图4-3-17。

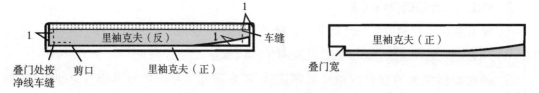

图4-3-17　缝制袖克夫

6. 装袖克夫

① 先将袖开衩车缝固定,缝份为0.1cm,再把袖口的两道假缝线抽紧成细褶状,见图4-3-18(a)。

② 把表袖克夫与袖片正面相对,边缘对齐,距边1cm车缝固定,见图4-3-18(b)。

③ 把袖口缝份往袖克夫一侧折倒后,用手缝或车缝固定,最后在袖克夫上锁眼和钉扣,见图4-3-18(c)。

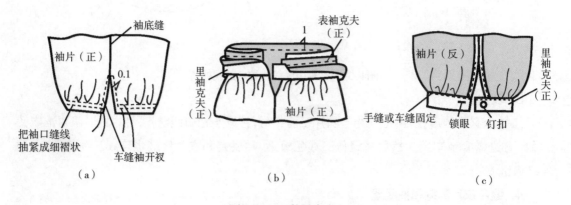

（a）　　　　　　　　（b）　　　　　　　　（c）

图4-3-18　装袖克夫

第 五 章

服装开口缝制工艺

第一节　上衣前门襟半开口缝制工艺

一、装领式门襟半开口缝制（方法一）

前门襟半开口常用于T恤、套头式衬衫等服装中,开口长度根据款式设计,款式见图5-1-1。

1. 放缝、烫黏合衬

① 衣片的肩线和领圈放缝1cm,在前衣片上画出门里襟开口的位置,见图5-1-2（a）。

② 门里襟放缝见图5-1-2（b）。

③ 门里襟反面全部烫无纺黏合衬,在下前里襟下端三线包缝,见图5-1-2（c）。

④ 若是厚面料,也可在门里襟反面烫一半无纺黏合衬,然后在下前里襟下端三线包缝,见图5-1-2（d）。

图5-1-1　款式图

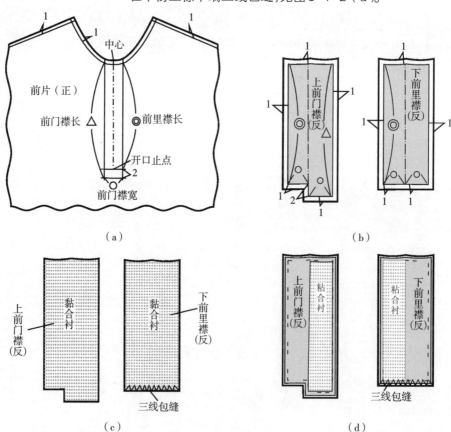

（a）　　　　　　　　　　（b）

（c）　　　　　　　　　　（d）

图5-1-2　放缝、烫黏合衬

2. 门里襟与衣片缝合

① 按净线分别扣烫门、里襟的一侧,见图5-1-3(a)。

② 将门、里襟与衣片正面相对,门、里襟的缝合净线对准衣片的相应净线位置,离净线0.1cm车缝(即门、里襟缝份0.9cm,其中0.1cm为座份)。上前门襟缝至离开口止点0.1cm,下前里襟缝至下端布边,见图5-1-3(b)。

③ 沿衣片的前中心线剪至下前里襟布平齐,见图5-1-3(c)。

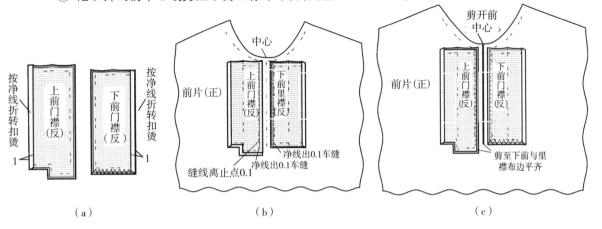

图5-1-3　门里襟与衣片缝合

3. 缝制门里襟

① 按对折线折转里襟并熨烫平整,在里襟两侧车缝0.1cm,里襟的上下层要有0.1 cm的座份,见图5-1-4(a)。

② 上前门襟下端按1cm净线的折转扣烫,见图5-1-4(b)。

③ 按对折线折转门襟并熨烫平整,在门襟两侧车缝0.1cm至开口止点,门襟的上下层要有0.1 cm的座势,见图5-1-4(c)。

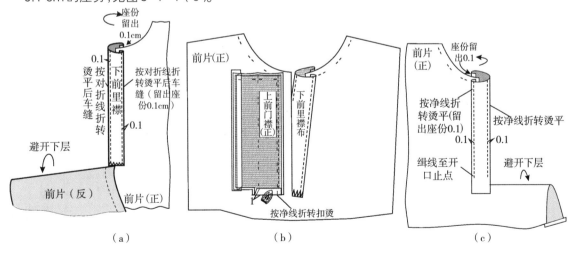

图5-1-4　缝制门里襟

4. 固定门里襟下端

① 将上下门里襟重叠放平,在门襟上从开口止点开始往下缝方形,见图5-1-5(a)。

② 在衣片反面,用手缝三角针固定里襟布的下端,见图5-1-5(b)。

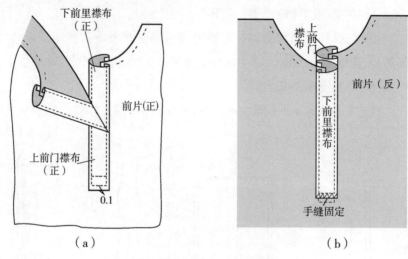

（a）　　　　　　　　　　　　　（b）

图5-1-5　固定门、里襟下端

二、装领式门襟半开口缝制（方法二）

本方法是简易缝制方法。只把门襟对折,直接与衣片缝合,较适合于针织布等具有伸缩性的面料,款式见图5-1-6。

图5-1-6　款式图

1. 门、里襟放缝、烫黏合衬

① 门里襟裁剪和放缝方法见图5-1-7（a）。

② 门里襟反面烫无纺黏合衬,见图5-1-7（b）。

③ 将门里襟按对折线分别对折烫平,见图5-1-7（c）。

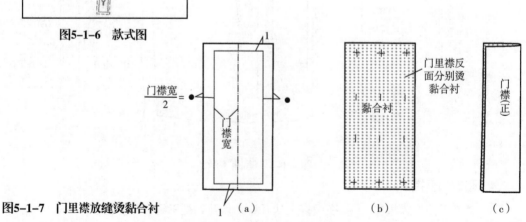

图5-1-7　门里襟放缝烫黏合衬

2. 门里襟与衣片缝合

把左右片门、里襟的缝份对齐放在衣片中心线的位置,沿门襟宽的净线车缝固定,为防衣片剪口后脱线,车缝前应在衣片里侧烫上小块黏合衬,见图5-1-8。

3. 衣片剪口、整理门里襟

① 在衣片的前中线按门襟位置剪Y开口,见图5-1-9(a)。

② 整理门、里襟,将缝份放到里侧,用熨斗烫平,见图5-1-9(b)。

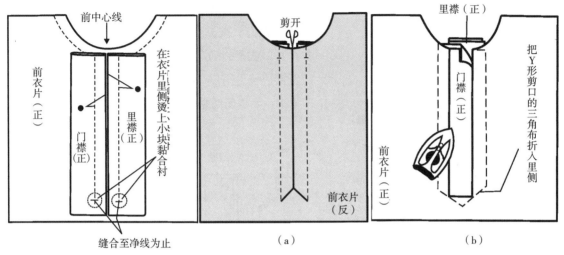

图5-1-8　门、里襟与衣片缝合　　　　图5-1-9　衣片剪口、整理门里襟

4. 固定门襟下端

① 把左右边门、里襟对整齐,掀开衣片,在门襟的下端重叠车缝两道线固定,见图5-1-10(a)。

② 三线包缝除上端外的三边缝份,见图5-1-10(b)。

③ 如需车装饰明线,则要车在门襟外侧的衣片中,见图5-1-10(c)。

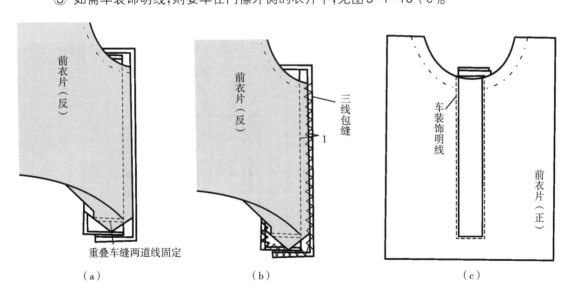

图5-1-10　固定门襟下端

图5-1-11 款式图

三、圆领式门襟半开口缝制

圆领式门襟半开口款式见图5-1-11。

圆领式短门襟开口的缝制方法有多种,以下介绍两种方法,其裁剪制图相同,但门襟的缝制方法不相同。

1. 缝制方法一

先车缝门襟再剪口,下端角部剪口不会脱线。

（1）门里襟放缝、烫黏合衬

① 衣片开口位置的确定见图5-1-12（a）。

② 门里襟放缝见图5-1-12（b）。

③ 门里襟反面烫无纺黏合衬,见图5-1-12（c）。

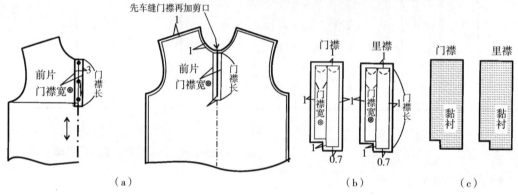

图5-1-12 门里襟放缝、烫黏合衬

（2）扣烫门里襟

按门襟净样扣烫门里襟,扣烫时注意门里襟的左右片折叠方向是不同的,见图5-1-13。

（3）门里襟与衣片缝合

先将衣片的肩线缝合,领圈滚边,然后将门襟布放在领圈已滚过边的前衣片上,对准衣片的门襟位置车缝,最后在前中心剪口,下端剪口位置距净线1cm,见图5-1-14。

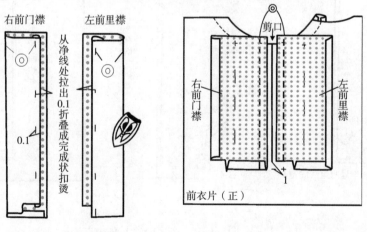

图5-1-13 扣烫门里襟　　图5-1-14 门里襟与衣片缝合

（4）缝制、翻烫门襟上端

① 左右片门襟各自正面相对折叠，预先估计一下面料的厚度，在门襟的上端净线外侧0.2 cm处缝合，见图5-1-15（a）。

② 先将门襟上端的一边缝份修剪留0.5cm后折叠，用手指压住角部翻转到正面，见图5-1-15（b）。

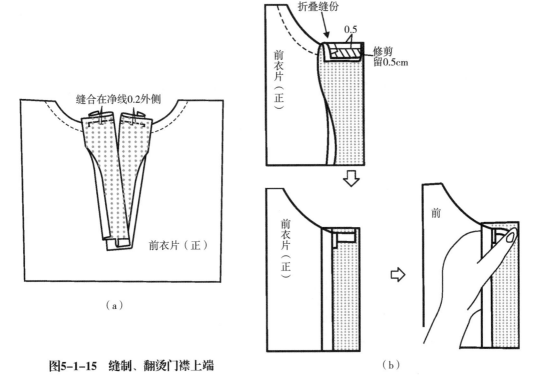

图5-1-15　缝制、翻烫门襟上端

（5）固定门里襟及下端

① 车缝固定左前里襟。掀开右前片，把左前里襟整理成型后，车缝明线固定，见图5-1-16（a）。

② 车缝固定右片前里襟。掀开左前片，整理右前里襟后车明线固定。注意：门襟下端1cm暂不车缝，也不要回针缝固定，见图5-1-16（b）。

③ 车缝固定门襟下端。将左右片门襟重叠放平，在门襟的下端将上下两层一起车缝固定，见图5-1-16（c）。

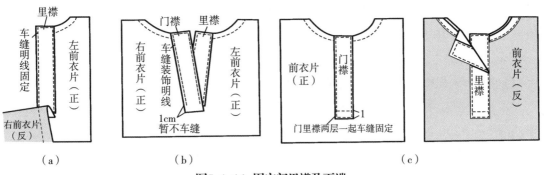

图5-1-16　固定门里襟及下端

2. 缝制方法二

缝制方法：把门襟缝合处的缝份分开烫平，所以缝制后的门里襟显得较为平整。先把门襟烫折成完成状后再缝合，最后加上剪口，注意在剪口处的里侧烫上小块黏衬以防脱线。此方法不适合透明的面料。

（1）门里襟放缝、烫黏合衬

门、里襟放缝左右相同，在反面烫上无纺黏合衬，见图5-1-17。

（2）门、里襟与衣片缝合

① 分别将左右片门里襟正面相对折后熨烫，再把衣片门襟缝线的下端部位里侧烫上小块黏衬，最后将门里襟分别放在左右衣片上门里襟的位置进行缝合，见图5-1-18（a）。

② 将缝合线的缝份分别折叠烫平，见图5-1-18（b）。

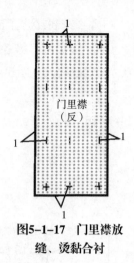

图5-1-17 门里襟放缝、烫黏合衬

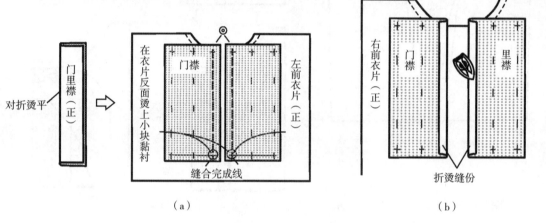

| （a） | （b） |

图5-1-18 门里襟与衣片缝合

（3）缝制门里襟

① 预先估计一下面料的厚度，在门里襟上端净线外侧0.2cm处缝合，这样翻转至表面时就相当平整，见图5-1-19（a）。

② 先将门襟上端的一边缝份修剪留0.5cm后折转，用手指压住角部翻转到正面，再按门襟的宽度熨烫平整，见图5-1-19（b）。

③ 门、里襟分别车明线。车缝时需掀开一侧的衣片，除门里襟下端外，在其余三边车明线固定，见图5-1-19（c）。

（4）衣片剪口、车缝固定门里襟下端

① 掀开门、里襟的缝份，在衣片的门襟开口位置剪Y形刀口，见图5-1-20（a）。

② 整理左右片门里襟，把缝份往衣片里侧折倒，门里襟的下端三角布也折入里侧加以整理，见图5-1-20（b）。

③ 掀开衣片，车缝固定门里襟下端，注意重叠车缝2~3道线使之牢固，见图5-1-20（c）。

④ 将门里襟的缝份三线包缝，见图5-1-20（d）。

⑤ 缝制完成后的正反面形状见图5-1-21。

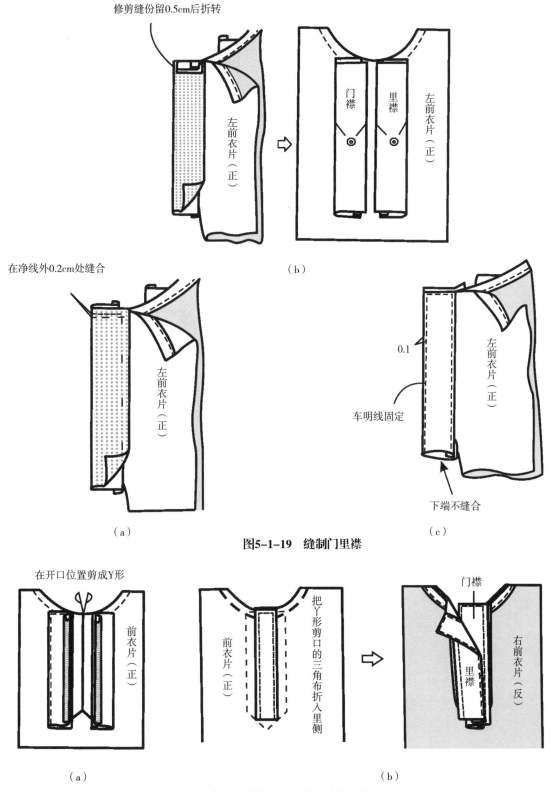

修剪缝份留0.5cm后折转

门襟

里襟

左前衣片（正）

（b）

在净线外0.2cm处缝合

左前衣片（正）

0.1

左前衣片（正）

车明线固定

下端不缝合

（a）

（c）

图5-1-19 缝制门里襟

在开口位置剪成Y形

前衣片（正）

把Y形剪口的三角布折入里侧

前衣片（正）

门襟

右前衣片（反）

里襟

（a）

（b）

图5-1-20① 衣片剪口、车缝固定门里襟下端

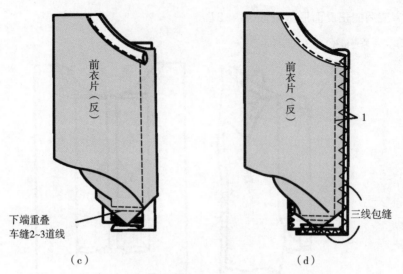

下端重叠
车缝2~3道线

前衣片（反）

（c）

前衣片（反）

1

三线包缝

（d）

图5-1-20② 衣片剪口、车缝固定门里襟下端

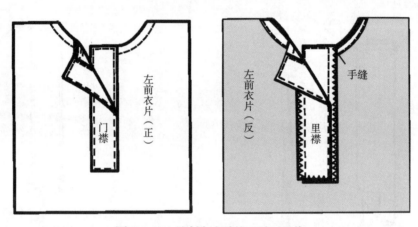

门襟

左前衣片（正）

左前衣片（反）

里襟

手缝

图5-1-21 缝制完成后的正反面形状

第二节　上衣前门襟全开口缝制工艺

一、连裁三折边外翻式门襟

此缝制方法是采用衣片与门襟贴边连裁,门襟贴边三折边后翻向正面,适合正反面没有差异的面料或特意追求翻门襟特殊效果的款式。由于门襟三折边缝制,故不适合厚型面料,款式见图5-2-1。

1. 放缝、烫黏合衬

① 衣片的门襟贴边在门襟止口线上再向外放出2倍的门襟宽度,见图5-2-2(a)。

② 在衣片正面的上层门襟部位烫无纺黏合衬,见图5-2-2(b)。

图5-2-1　款式图

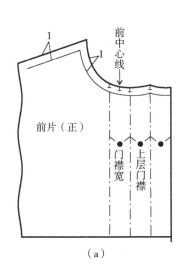

（a）

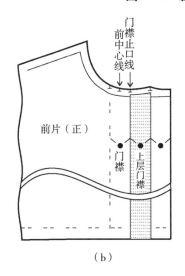

（b）

图5-2-2　放缝、烫黏合衬

2. 折烫、车缝固定门襟

按记号向衣片正面折转门襟,烫平后在两侧车缝0.1或0.2cm的明线固定,见图5-2-3。

3. 下摆三折边车缝固定

根据下摆宽度三折边车缝固定贴边,注意门襟止口线下端贴边不能外露,要稍退进一点折转固定,见图5-2-4。

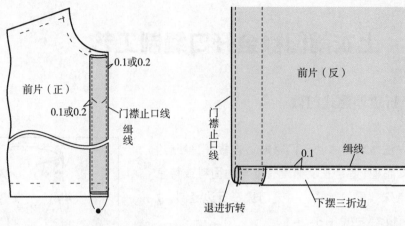

图5-2-3 折烫、车缝固定门襟

图5-2-4 下摆三折边车缝固定

二、假三折边外翻式门襟

图5-2-5 款式图

此缝制方法是采用衣片与门襟贴边连裁,适合门襟缉线在0.5cm以上的款式,见图5-2-5。

1. 放缝、烫黏合衬

① 门襟与衣片连裁、放缝见图5-2-6(a)。

② 在衣片反面的上层翻门襟部位烫无纺黏合衬,见图5-2-6(b)。

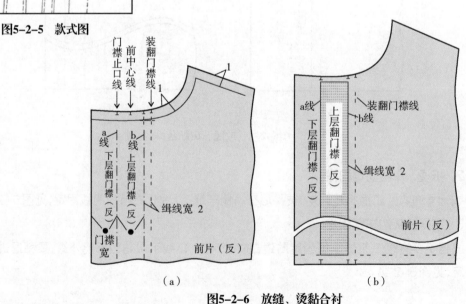

图5-2-6 放缝、烫黏合衬

2. 下摆三折边固定

① 把下摆前端的角剪掉，见图5-2-7（a）。

② 按下摆净线折转下摆，并烫平，见图5-2-7（b）。

③ 按下摆贴边的宽度三折后再烫平，用手缝假缝固定，见图5-2-7（c）。

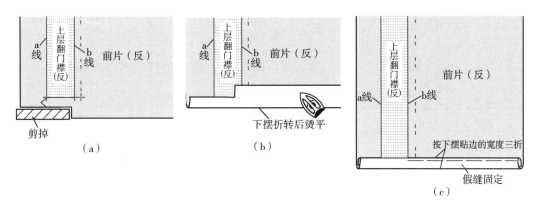

图5-2-7　下摆三折边固定

3. 车缝固定门襟

① 按a线和b线的记号折烫门襟，在b线处按缉线的宽度车明线。下摆前端留出缉线宽度不车缝，见图5-2-8（a）。

② 将门襟翻到衣片的正面，沿a线按缉线的宽度车明线。车缝至下摆前端时，缝线车成反L形，将前一步没车缝的缝线连接上，见图5-2-8（b）。

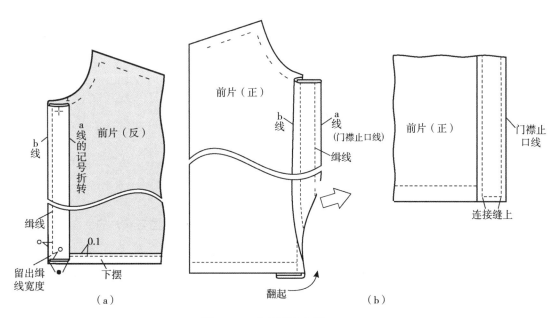

图5-2-8　车缝固定门襟

图5-2-9 款式图

三、外贴式翻门襟

此缝制方法是将衣片与门襟分开裁剪,门襟外贴在衣片上缝制,款式见图5-2-9。

1. 放缝、烫黏合衬

① 衣片放缝见图5-2-10(a)。

② 门襟放缝见图5-2-10(b)。

③ 在门襟反面烫无纺黏合衬,见图5-2-10(c)。

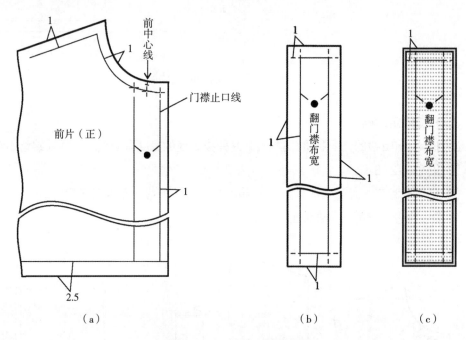

图5-2-10 放缝、烫黏合衬

2. 缝制门襟

① 将前衣片的底边缝制好,见图5-2-11(a)。

② 把翻门襟布的一侧和底边按净线折转烫平,再把翻门襟布正面与衣片的反面相对,对齐门襟止口线车缝,见图5-2-11(b)。

③ 将门襟翻到正面烫平,在门襟的边缘车缝明线,缉线宽度根据设计选择0.1~0.3cm,见图5-2-11(c)。

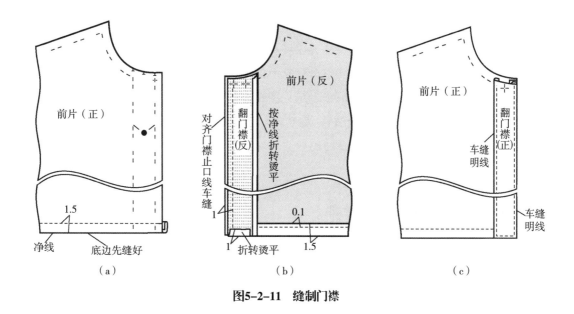

图5-2-11　缝制门襟

四、夹装式翻门襟

　　此缝制方法是将门襟的表、里连裁,把衣片夹在门襟表、里之间缝合,款式见图5-2-12。

1. 放缝、烫黏合衬

　　① 门襟与衣片分割,见图5-2-13(a)。

　　② 衣片、门襟放缝,见图5-2-13(b)。

　　③ 在门襟反面烫无纺黏合衬,见图5-2-13(c)。

图5-2-12　款式图

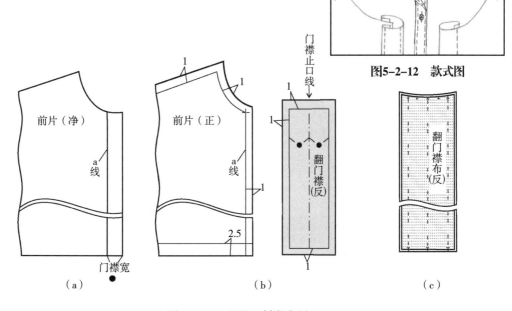

图5-2-13　放缝、烫黏合衬

2. 门襟与衣片缝合

① 将前衣片的底边缝制好,见图5-2-14(a)。

② 门襟与衣片正面相对,在净线外0.1cm处缝合,见图5-2-14(b)。

③ 将门襟的另一侧按净线折转烫平,见图5-2-14(c)。

④ 把门襟翻到正面,按净线折转,要求放入0.1cm的座份,见图5-2-14(d)。

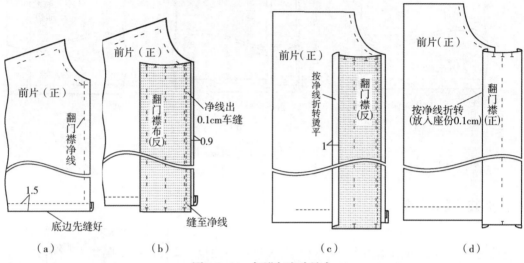

（a）　　　　　　　（b）　　　　　　　（c）　　　　　　　（d）

图5-2-14　门襟与衣片缝合

3. 缝合门襟下端

把门襟下端按对折线正面相对,摊开缝份后,预计面料的厚度,在净线外0.1cm左右车缝,然后将缝份修剪留0.3cm,见图5-2-15。

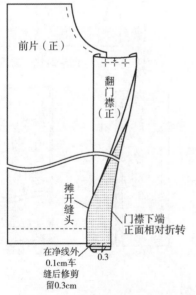

图5-2-15　缝合门襟下端

4. 门襟缉线固定

翻转门襟到正面,整理平整后,在门襟的两侧车缝固定,要求门襟与衣片的夹装处,表里门襟均要车缝住,见图5-2-16。

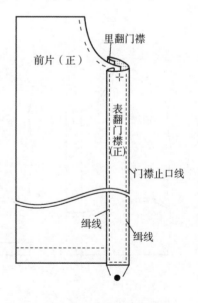

图5-2-16　门襟缉线固定

第三节 暗门襟开口缝制工艺

一、暗门襟开口的缝制（方法一）

此方法是采用衣片与暗门襟贴边连裁,左右衣片的门襟放缝量不同。由于暗门襟由四层面料组成,故适合薄型面料。款式见图5-3-1。

图5-3-1 款式图

1. 衣片放缝

① 右（上）前衣片放缝,由门襟止口线向外再放3倍门襟宽的量,见图5-3-2（a）。

② 左（下）前衣片放缝,由门襟止口线向外再放2倍门襟宽的量,见图5-3-2（b）。

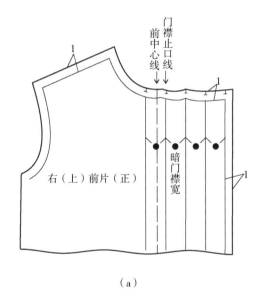

（a）

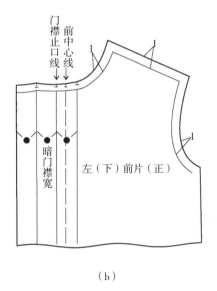

（b）

图5-3-2 衣片放缝

2. 右（上）前衣片做暗门襟

① 折叠右（上）前衣片的暗门襟,烫平后在前中心线的位置将门襟车缝固定,见图5-3-3（a）。

② 再次折叠门襟,并用熨斗烫平,见图5-3-3（b）。

③ 掀开上层门襟,在下层门襟上按扣眼位置锁纵向扣眼,见图5-3-3（c）。

④ 在两扣位中间,用手缝针在门襟处暗缲0.2~0.3cm固定上下层门襟,门襟正面不能起皱,见图5-3-3（d）。

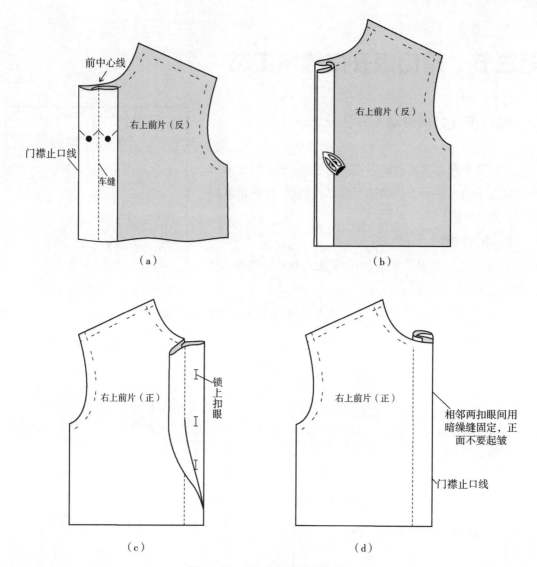

（a）　　　　　　　　　　　　　　（b）

（c）　　　　　　　　　　　　　　（d）

图5-3-3　右上前衣片做暗门襟

3. 固定左（下）前衣片的里襟

在左（下）前衣片上，按记号三折烫平里襟，再车缝固定，见图5-3-4。

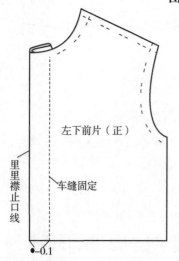

图5-3-4　固定左（下）前衣片的里襟

二、暗门襟开口的缝制（方法二）

此方法是采用衣片与挂面分开裁剪，右（上层）衣片和挂面与左（下层）衣片和挂面的门里襟放缝量不同。制成后的门襟止口较薄，故适合薄型或中等厚度的面料，款式见图5-3-5。

1. 右（上）前衣片与挂面放缝、烫黏合衬

① 右（上）前衣片与挂面放缝见图5-3-6（a）。

② 在挂面的反面烫上无纺黏合衬，然后在挂面的侧边三线包缝，见图5-3-6（b）。

图5-3-5　款式图

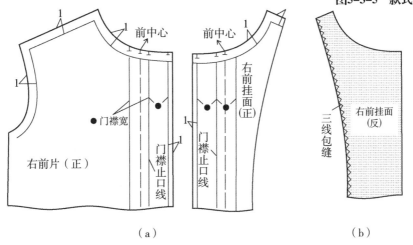

（a）　　　　　　　　　　　（b）

图5-3-6　右（上）前衣片与挂面放缝、烫黏合衬

2. 左（下）衣片与挂面放缝

① 左（下）前衣片与挂面放缝见图5-3-7（a）。

② 在挂面的反面烫上无纺黏合衬，然后在挂面的一侧三线包缝，见图5-3-7（b）。

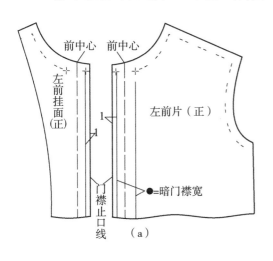

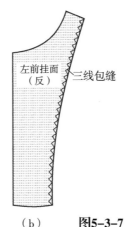

（a）　　　　　　　　　　（b）　**图5-3-7　左（下）衣片与挂面放缝**

3. 缝制右（上）前衣片暗门襟

① 右（上）前挂面的门襟折向反面，按门襟止口线烫平，再按扣位锁纵向扣眼，见图5-3-8（a）。

② 右（上）前衣片的门襟折向反面，按门襟止口线烫平，见图5-3-8（b）。

③ 挂面与衣片正面相对，衣片的门襟折转包住挂面的门襟，从前中装领点按净线车缝至门襟止口线，并在装领点剪口。在下端底边处按净线车缝，然后距缝线1cm、距挂面三线包缝线1cm，将角部剪掉，见图5-3-8（c）。

④ 把衣片翻到正面，整理门襟的上下端，用熨斗烫平，见图5-3-8（d）。

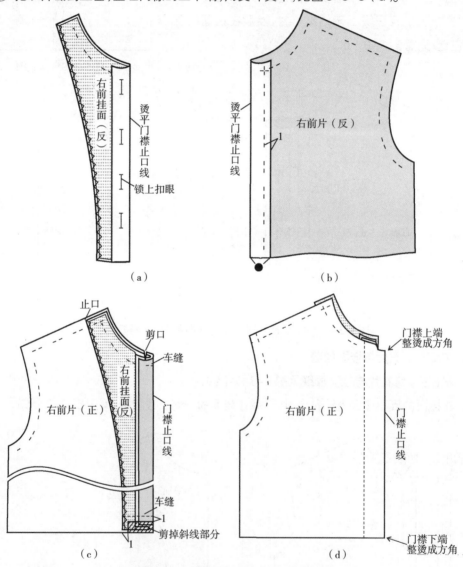

图5-3-8　缝制右（上）前衣片暗门襟

4. 缝制左（下）前衣片里襟

① 左（下）前衣片与挂面正面相对，对齐缝边后，从前中装领点开始经门襟止口到下端衣摆处按净线车缝，上端在装领处剪口，下端剪掉斜线部分，见图5-3-9（a）。

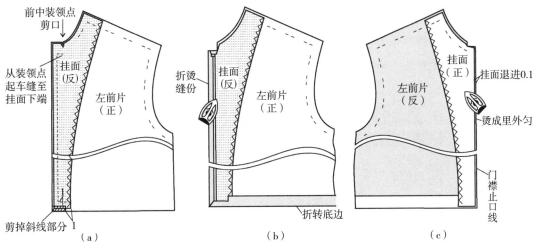

图5-3-9　缝制左（下）前衣片里襟

② 把缝合后的缝份折向挂面,用熨斗烫平,底边按净线折向衣片,见图5-3-9（b）。

③ 将挂面翻到正面,把门襟止口线烫成里外匀,见图5-3-9（c）。

三、外翻门襟风格的暗门襟开口

外翻式暗门襟,左右衣片门襟的放量不同,适合薄型面料的外套,款式见图5-3-10。

1. 衣片放缝

① 右（上）前衣片从门襟止口线向外放出两倍暗门襟的宽度再放暗门襟宽度减0.5cm的量,然后再放1 cm缝份,见图5-3-11（a）。

② 左（下）前衣片从门襟止口线向外放出一倍暗门襟的宽度,然后再放1cm缝份,见图5-3-11（b）。

图5-3-10　款式图

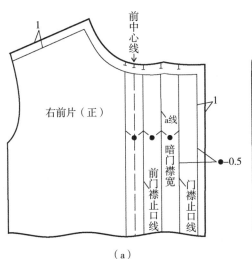

（a）

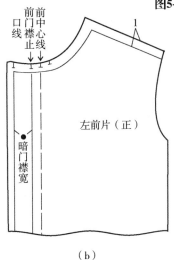

（b）

图5-3-11　衣片与挂面放缝

2. 制作右（上）前翻门襟

① 按a线位置把门襟折转到反面，烫平门襟，见图5-3-12（a）。

② 在a线的烫折线上车缝0.1 cm，见图5-3-12（b）。

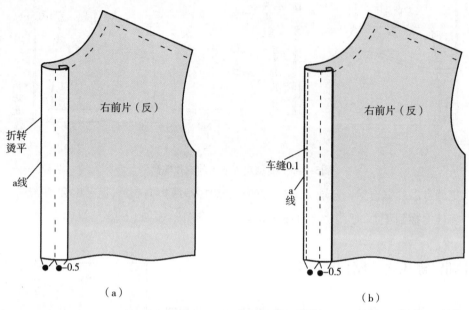

图5-3-12 制作右（上）前翻门襟

3. 固定挂面

① 在右（上）前衣片的反面，车缝固定挂面，见图5-3-13（a）。

② 车缝后右（上）前衣片正面的状态见图5-3-13（b）。

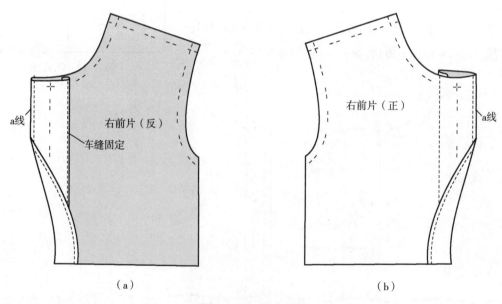

图5-3-13 固定挂面

4. 锁扣眼

在挂面的一侧按扣位锁纵向扣眼,见图5-3-14。

5. 固定门襟止口线

① 把暗门襟折叠成完成状态,沿门襟止口线车缝0.1cm的明线,见图5-3-15(a)。

② 在a线上,距上下两个扣位中间用手缝针暗缝固定暗门襟,见图5-3-15(b)。

6. 制作左(下)前里襟

① 按里襟止口线位置折烫里襟和缝边,再车缝0.1 cm的明线固定,见图5-3-16(a)。

② 车缝固定里襟后正面的状态见图5-3-16(b)。

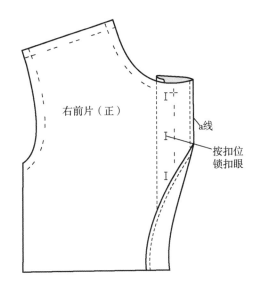

图5-3-14 锁扣眼

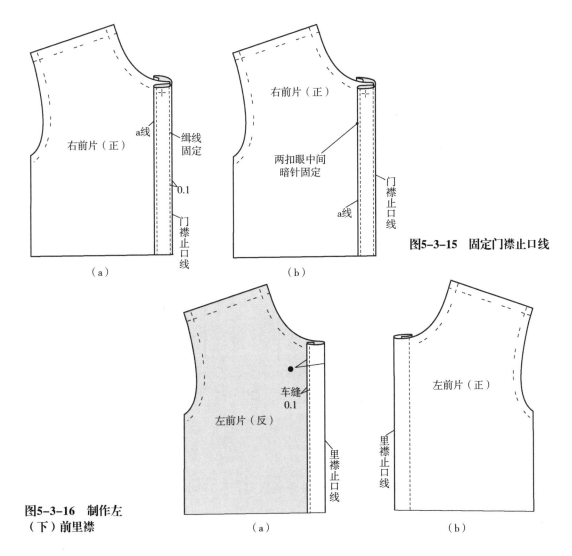

（a）　　　　　　　　（b）

图5-3-15 固定门襟止口线

图5-3-16 制作左（下）前里襟

（a）　　　　　　　　（b）

第四节　拉链开口缝制工艺

一、拉链基础知识

1. 拉链各部位名称（图5-4-1）

① 拉链头：用手可上下拉动,使拉链可以闭合。

② 拉链齿：开口闭合部分。

③ 拉链尾部限位金属夹：在拉链的尾部,防止拉链头拉出拉链齿部分的金属固件。

④ 拉链布边：与拉链头、拉链齿及拉链金属夹相连的织物,用于拉链与衣片缝合的中间体。

2. 拉链的种类和长度（图5-4-2）

① 拉链的种类：通常有三大类,即一端闭合的普通拉链、隐形拉链、开口拉链。

② 拉链的长度：拉链头到拉链限位金属夹之间的距离。

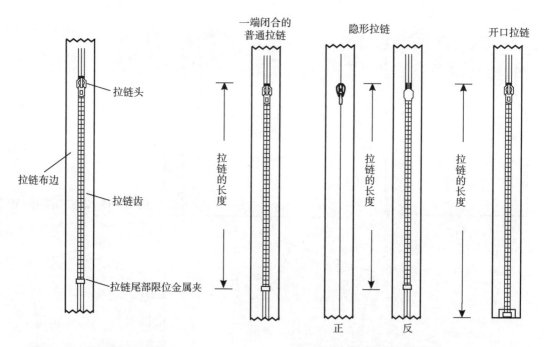

图5-4-1　拉链各部位名称　　　　图5-4-2　拉链的种类和长度

二、连衣裙侧缝拉链开口缝制

该款为腰线分割式连衣裙,左侧开口装普通拉链,开口的长度根据款式设计,款式见图5-4-3。

1. 缝合腰围线

① 将衣片与裙片正面相对,腰线对齐后按净线缝合,见图5-4-4（a）。

② 距侧缝开口3~4cm处的缝份分别三线包缝,在侧边剪掉部分缝份,并分缝烫平,其余缝份合缝三线包缝,缝份往衣片一侧烫倒,见图5-4-4（b）。

2. 缝合侧缝

把前后侧缝分别三线包缝,再正面相对,缝合侧缝后分缝烫开,留出开口部位不缝合,要求回针固定,见图5-4-5。

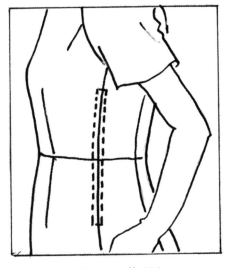

图5-4-3 款式图

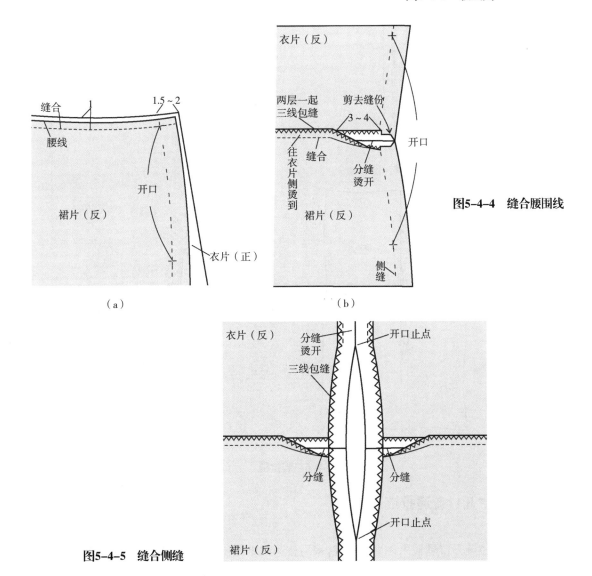

图5-4-4 缝合腰围线

（a）　　　　　（b）

图5-4-5 缝合侧缝

3. 装拉链

① 拉链的长度比开口长度短1cm,在拉链布边超出拉链头和拉链尾部限位金属夹各0.5cm处做记号,见图5-4-6(a)。

② 将拉链放在衣片开口的下面,拉链布边的上下记号分别对准上下开口止点,用手针假缝,见图5-4-6(b)。

③ 距开口0.4~0.5 cm处车缝固定拉链,见图5-4-6(c)。

④ 拉链的上下端布边与侧缝的缝份用手缝三角针固定,见图5-4-6(d)。

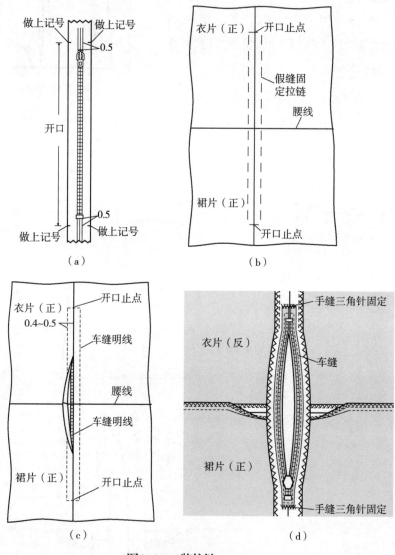

图5-4-6　装拉链

三、腰裙后中开口普通拉链缝制

腰裙后中拉链开口是较为常见的款式,采用普通拉链缝制,拉链长度比开口长度短1.5cm,

款式见图5-4-7。

1. 开口烫黏合衬、缝合后中缝

在后片的开口部位烫黏合衬,黏合衬的长度超过开口止点1cm。然后将后中缝三线包缝,从开口止点开始按净线缝合后中缝,见图5-4-8。

图5-4-7 款式图

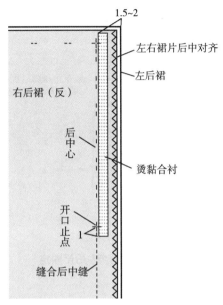

图5-4-8 开口烫黏合衬、缝合后中缝

2. 烫后中缝份

① 开口止点以下的缝份分开烫平。开口止点以上,右后裙片的缝份按净线扣烫,左后裙片的缝份距净线拉出0.3 cm扣烫,见图5-4-9(a)。

② 在正面,检查开口部位是否右裙中线盖过左裙折烫线0.3cm,见图5-4-9(b)。

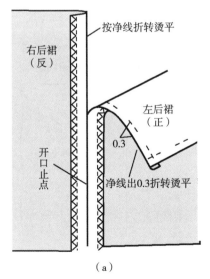

(a)

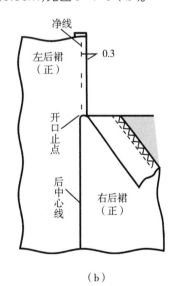

(b)

图5-4-9 烫后中缝份

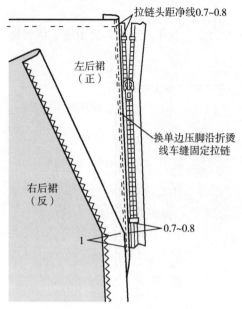

图5-4-10　拉链与左后裙固定

3. 拉链与左后裙固定

① 先闭合拉链，将拉链放在左后裙片开口下面，要求拉链头距腰线净线0.7~0.8cm、拉链尾部限位金属夹距开口止点0.7~0.8cm，用手针假缝固定拉链。

② 换用单边压脚，沿折烫线车缝固定拉链，见图5-4-10。

4. 拉链与右后裙固定

① 闭合拉链，把右后裙片的折烫中线对准左裙后中净线，假缝固定。

② 在右后裙片上，距后中折烫线1cm车缝固定拉链，在距开口止点1cm处斜向车缝，回针固定，见图5-4-11。

5. 固定拉链布边

① 拉链布边两侧手针缲缝或车缝固定，下端布边三角针手缝固定。根据需要可内折裙片后中的三线包缝缝份，再车缝0.1cm固定缝份边端。若有里布，拉链布边不需手缝或车缝固定。见图5-4-12（a）。

② 完成后的正面图见图5-4-12（b）。

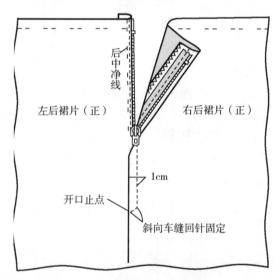

图5-4-11　拉链与右后裙固定

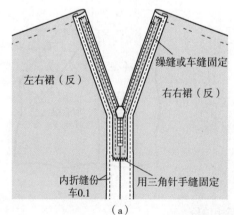

（a）　　　　　　　　　　（b）

图5-4-12　固定拉链布边

6. 有里布的开口处理（图5-4-13）

① 里布后中开口要比面布开口长0.5cm。

② 里布开口的缝份与面布开口缝份车缝或手缝固定，要求缝合线离开拉链头0.5cm左右，保证拉链头不会咬住里布。若是手缝要将里布开口的缝份往反面折烫后，与面布的缝份手缝固定。

③ 为确保拉链头不咬住里布，可用手缝暗针将里布的缝份与布面的缝份固定。

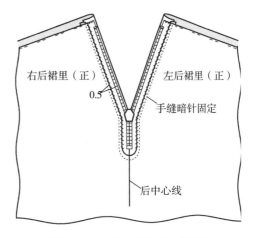

图5-4-13　有里布的开口处理

四、后中开口的隐形拉链缝制

后中开口装拉链，可用于裙子、套头衫、裤子的后中开口，缝制后表面只看到一条缝。要求拉链长度比开口长度长3cm。现以腰裙后中装隐形拉链为例，加以介绍。款式见图5-4-14。

1. 开口烫黏合衬、缝合后中缝

① 裙子的后中左右开口处烫黏合衬，黏合衬长度比开口长出0.5cm，熨烫时上端对齐腰线；黏合衬的宽度盖过后中线0.3~0.5 cm。然后将后裙左右片正面相对，画出左右开口处的对位记号，再对齐后中线，从开口止点开始缝至裙底摆，见图5-4-15（a）。

② 若是厚型面料或组织较紧密的面料，后中开口处可选择不烫黏合衬。将后裙左右片正面相对，做出开口处的对位记号后，从开口止点缝合后中缝至裙底摆，见图5-4-15（b）。

③ 后中缝分缝烫平，见图5-4-15（c）。

图5-4-14　款式图

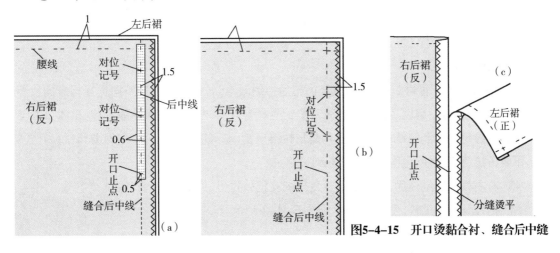

图5-4-15　开口烫黏合衬、缝合后中缝

2. 开口中装拉链位置的选择

裙腰口是装腰头还是装腰头贴边，开口中装拉链位置是有所区别的。

① 装腰头款式拉链位置的选择：拉链头与腰口净线平齐，这样腰头装上后，拉链头刚好处于腰头的下方，见图5-4-16（a）。

② 装腰头贴边款式拉链位置的选择：拉链头与腰口净线间要留出装钩扣的量，钩扣装上后刚好与拉链头碰到，见图5-4-16（b）。

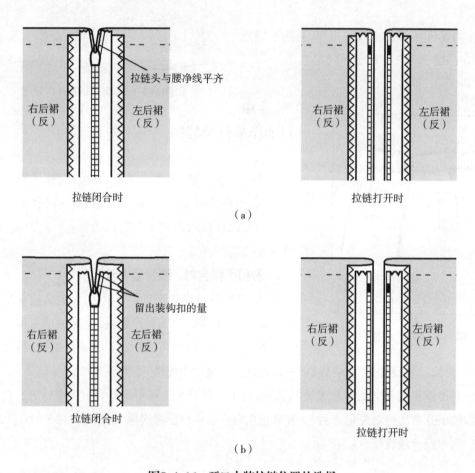

图5-4-16　开口中装拉链位置的选择

3. 装隐形拉链

① 将后裙片反面朝上，正面的拉链齿与后中线对准，拉链头按款式不同选择相应的位置，把缝份与拉链布边手缝固定。注意检查对位记号是否对准，左右片是否平服，见图5-4-17（a）。

② 把拉链头拉到拉链的尾部，换用隐形拉链压脚，车缝固定拉链。车缝时要用手掰开拉链齿，不要将拉链齿缝住，见图5-4-17（b）。

③ 左右片拉链缝住后，将拉链头从尾部的空挡处拉出，见图5-4-17（c）。

④ 把拉链头往上拉，使拉链闭合，见图5-4-17（d）。

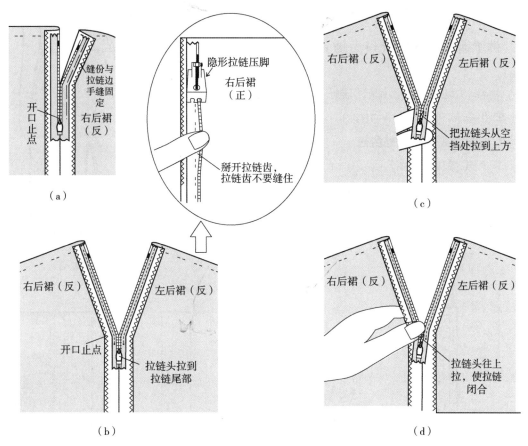

图5-4-17　装隐形拉链

4. 拉链布边的固定

① 拉链两侧的布边与裙片的缝份车缝固定,拉链下端的布边用三角针手缝固定。有里布时,拉链的布边不必车缝固定。见图5-4-18(a)。

② 拉链装好后正面完成图见图5-4-18(b)。

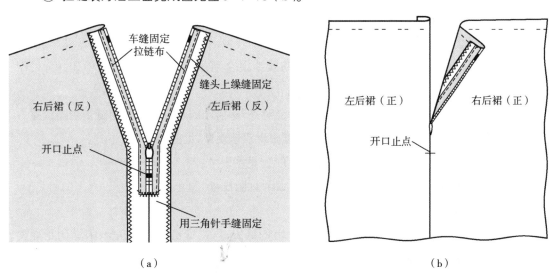

图5-4-18　拉链布边的固定

五、裤子前门襟拉链开口（适合于西裤）

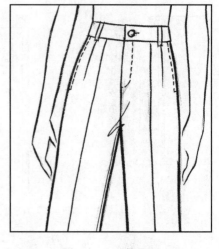

图5-4-19　款式图

此缝制方法适合于西裤前门襟开口,在门襟止口处不车明线,款式见图5-4-19。

1. 门里襟裁剪、烫黏合衬

① 门里襟裁剪见图5-4-20（a）。

② 门里襟烫黏合衬见图5-4-20（b）。

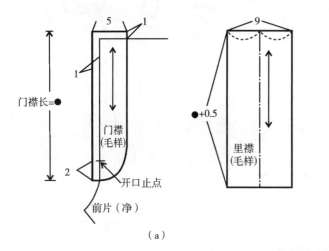

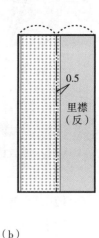

（a）　　　　　　　　　　　　　　（b）

图5-4-20　门里襟裁剪、烫黏合衬

2. 缝合门襟、前后裆缝

① 门襟正面朝上,圆弧处三线包缝,见图5-4-21（a）。

② 缝合门襟:门襟与左前片正面相对,从腰线缝合到开口止点为止,缝份0.8 cm,见图5-4-21（b）。

③ 缝合裆缝:将左右裤片正面相对,裆底缝对齐,从前裆缝开口止点开始缝止后裆缝腰口处,由于该处是用力部位,要求重叠车双线,不能出现双轨现象,见图5-4-21（c）。

④ 门襟压线:在门襟缝口处沿边0.1 cm压线,见图5-4-21（d）。

⑤ 烫门襟止口:将前裆门襟止口烫出0.2 cm,见图5-4-21（e）。

3. 制作里襟

里襟居中线正面相对折后,在下端车缝1cm的缝份,再将缝份修剪成0.5cm,翻到正面烫平,最后将里襟侧边三线包缝,见图5-4-22。

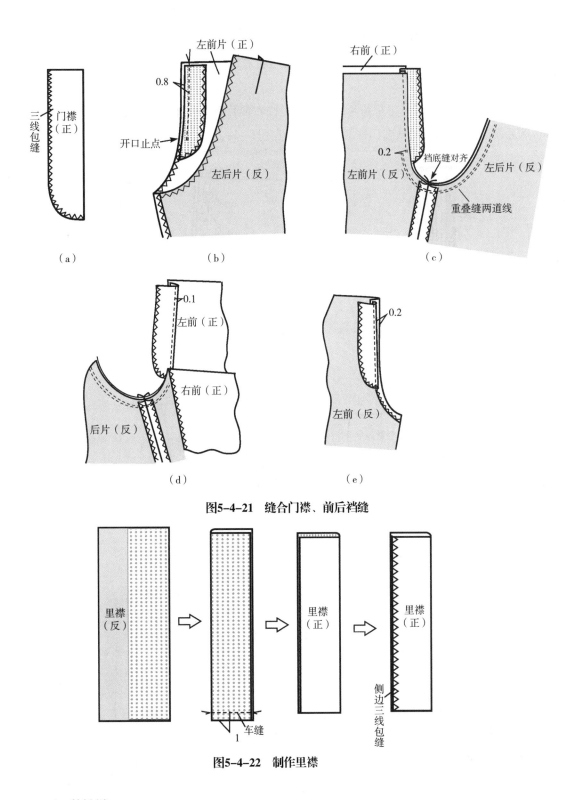

图5-4-21　缝合门襟、前后裆缝

图5-4-22　制作里襟

4. 装拉链

① 里襟与拉链固定：将拉链的左边距里襟三线包缝线0.6cm处放平，换用单边压脚，在距拉链齿边0.6cm处与里襟车缝固定，见图5-4-23（a）。

② 右前片与里襟及拉链缝合：右前片反面朝上，里襟放下层并伸出0.3cm与右前片的前裆缝对齐，车0.7cm的缝份至开口止点。然后将右前片折转，沿边压0.1cm的明线，见图5-4-23（b）。

③ 拉链与门襟固定：将左前片裆缝止口盖住右前片0.2cm，初学者可先用假缝线将其固定，然后翻到反面，将拉链放在门襟上车缝固定，见图5-4-23（c）。

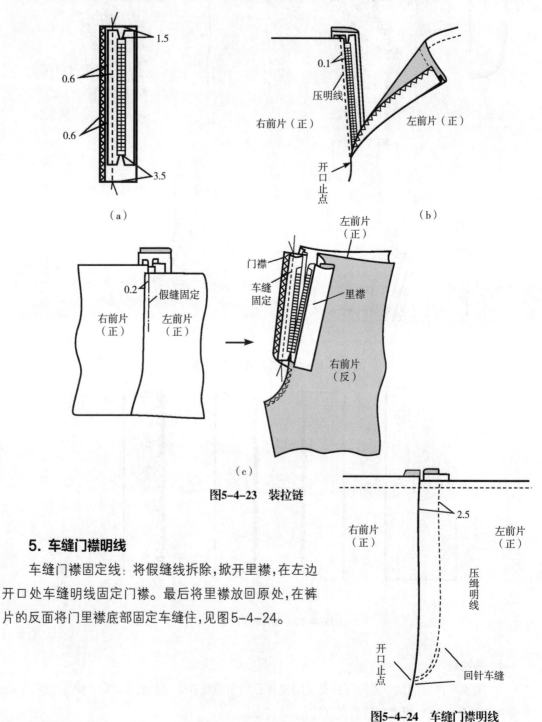

（a）

（b）

（c）

图5-4-23　装拉链

5. 车缝门襟明线

车缝门襟固定线：将假缝线拆除，掀开里襟，在左边开口处车缝明线固定门襟。最后将里襟放回原处，在裤片的反面将门里襟底部固定车缝住，见图5-4-24。

图5-4-24　车缝门襟明线

六、裤子前门襟拉链开口（适合于休闲裤）

此缝制方法适合于男女休闲裤前门襟开口,在开口处及前裆缝车明线,款式见图5-4-25。

1. 门里襟裁剪、烫黏合衬

① 门、里襟裁剪见图5-4-26（a）。

② 门襟反面烫黏合衬,在正面弧线一侧三线包缝,见图5-3-26（b）。

③ 里襟沿中线对折,下口正面相对车缝1cm后翻转烫平,然后在侧缝三线包缝,见图5-4-26（c）。

图5-4-25 款式图

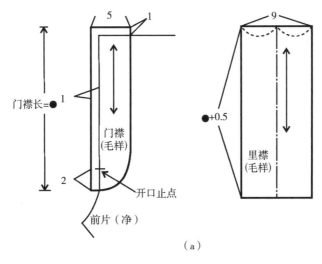

（a）

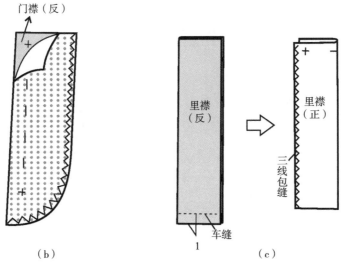

（b）　　　　　（c）

图5-4-26 门里襟裁剪、烫黏合衬

2. 装拉链

① 固定门襟与左侧拉链布将拉链与门襟正面相对,拉链右侧布边缘离门襟前口0.8cm,车缝两道线固定门襟与左侧拉链布,见图5-4-27（a）。

② 缝合门襟与左前裤片：门襟与左前裤片正面相对,车缝0.9cm至拉链开口止点,然后翻烫,要求：门襟退进0.1cm将止口烫成里外匀。开口止点以下部分的裆线按1cm扣烫,最后在门襟止口线上车0.1cm的明线,见图5-4-27（b）。

③ 扣烫右前裤片的裆缝缝份：扣烫时按照从腰口处0.7cm到拉链开口处渐小到0.5cm进行,见图5-4-27（c）。

④ 缝合里襟、右侧拉链与右前裤片：右前裤片在上与里襟夹住右侧拉链布边,压缝0.1cm的明线,见图5-4-27（d）。

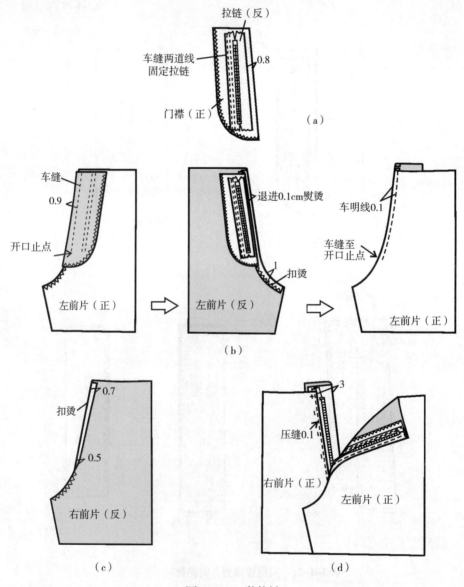

图5-4-27 装拉链

3. 车缝门襟及前裆明线

先在左前裤片上车两道门襟明线,再在拉链开口止点以下将左前裆缝线压住右前裆缝线,车缝两道明线0.1cm、0.6cm,见图5-4-28。

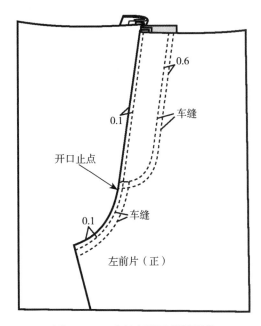

图5-4-28　车缝门襟及前裆明线

第六章

腰裙缝制视频

第一节　直腰A字裙缝制视频

直腰A字裙外形介绍

　　该款A字裙的裙腰为直线型腰头,裙子外形呈现A字形轮廓;前裙片为一片式,左右各有一个腰省;后裙片由两片组成,左右裙片上各有一个腰省,后中线上部装隐形拉链;裙子后中的腰头开合处钉扣子,裙摆三角针手缝固定。

直腰A字裙缝制质量要求

① 裙子各部位缝线整齐、平服、牢固,针距密度一致。
② 三线包缝线迹平整、顺直不弯扭。
③ 前后裙片腰省的省缝左右对称,省尖平服。
④ 裙子腰头面、里平服,腰头宽度一致,缉线顺直。
⑤ 隐形拉链装上后,布面平整,拉链牙齿不外露,拉链开口止点处平服。
⑥ 腰头的扣眼位置准确,纽扣与扣眼相对,扣子钉缝牢固。
⑦ 裙摆折边宽窄一致,三角针缝线牢度,针距均等。
⑧ 整条裙子整洁无线头,各部位熨烫平整。

一、直腰A字裙外形

　　见视频6-1-1。

视频　6-1-1　　　视频　6-1-2

二、缝制前准备

① 裙子裁片组成,见视频6-1-2。
② 裙子三线包缝,见视频6-1-3。
③ 腰头烫黏合衬,见视频6-1-4。
④ 缝制前准备完成,见视频6-1-5。

视频　6-1-3　　　视频　6-1-4

三、车缝省道

① 车缝省道前准备,见视频6-1-6。

视频　6-1-5　　　视频　6-1-6

② 车缝省道，见视频6-1-7。

③ 熨烫省道，见视频6-1-8。

四、缝合后中缝

缝合后中缝，见视频6-1-9。

视频　6-1-7　　视频　6-1-8　　视频　6-1-9

五、绱隐形拉链

① 绱隐形拉链准备，见视频6-1-10。

② 绱隐形拉链，见视频6-1-11。

③ 拉链底部处理方法一，见视频6-1-12。

④ 拉链底部处理方法二，见视频6-1-13。

视频　6-1-10　　视频　6-1-11　　视频　6-1-12

六、缝合侧缝、熨烫裙摆

① 缝合一边侧缝，见视频6-1-14。

② 熨烫侧缝及裙摆、缝合另一边侧缝，见视频6-1-15。

视频　6-1-13　　视频　6-1-14　　视频　6-1-15

七、绱裙腰

① 裙腰烫黏合衬，扣烫腰头，腰里与裙子腰口大头针固定，见视频6-1-16。

② 腰里与裙子的腰口缝合，见视频6-1-17。

③ 缝制腰头门、里襟两端，见视频6-1-18。

④ 熨烫腰头，大头针固定腰面，画出腰面与裙身的对位线，见视频6-1-19。

⑤ 车缝固定腰面，见视频6-1-20。

视频　6-1-16　　视频　6-1-17　　视频　6-1-18

八、裙摆三角针固定

裙摆三角针固定，见视频6-1-21。

视频　6-1-19　　视频　6-1-20　　视频　6-1-21

九、锁扣眼、钉扣子

① 确定扣眼位置,见视频6-1-22。

② 钉扣子,见视频6-1-23。

视频　6-1-22　　视频　6-1-23

第二节　低腰短裙缝制视频

低腰短裙外形介绍

该款短裙为低腰,腰头呈弧线状,裙子外形呈现小 A 字形轮廓；前、后裙片均为一片式,前、后裙片左右各有一个腰省；裙子的右侧缝上部装隐形拉链；裙摆三角针固定。

低腰短裙缝制质量要求

① 裙子各部位缝线整齐、平服、牢固,针距密度一致。

② 三线包缝线迹平整、顺直不弯扭。

③ 前后裙片腰省的省缝左右对称,省尖平服。

④ 裙子腰头面、里平服,腰头宽度一致,缉线顺直。

⑤ 侧缝隐形拉链牙齿不外露,拉链开口止点处平服。

⑥ 裙摆折边宽窄一致,三角针缝线牢度,针距均等。

⑦ 整条裙子整洁无线头,各部位熨烫平整。

一、低腰短裙外形

低腰短裙外形,见视频6-2-1。

二、车缝省道

车缝省道,见视频6-2-2。

视频　6-2-1　　　视频　6-2-2

三、烫腰省

烫腰省,见视频6-2-3。

四、腰面烫黏合衬

腰面烫黏合衬,见视频6-2-4。

视频　6-2-3　　　视频　6-2-4

五、腰面与裙身缝合

腰面与裙身缝合,见视频6-2-5。

六、烫裙腰线

烫裙腰线,见视频6-2-6。

视频 6-2-5　　　视频 6-2-6

七、缝合侧缝

缝合侧缝,见视频6-2-7。

视频 6-2-7　　　视频 6-2-8

八、烫侧缝

烫侧缝,见视频6-2-8。

九、绱隐形拉链

① 绱隐形拉链,见视频6-2-9。
② 绱隐形拉链质量要求,见视频6-2-10。
③ 拉链底部处理,见视频6-2-11。

视频 6-2-9　　　视频 6-2-10

十、拼接腰里、熨烫腰里下止口

拼接腰里、熨烫腰里下止口,见视频6-2-12。

视频 6-2-11　　　视频 6-2-12

十一、装腰里

装腰里,见视频6-2-13。

十二、修剪腰头缝份、腰里车暗线

修剪腰头缝份、腰里车暗线,见视频6-2-14。

视频 6-2-13　　　视频 6-2-14

十三、烫腰头止口

烫腰头止口，见视频6-2-15。

十四、车缝固定腰里

车缝固定腰里，见视频6-2-16。

十五、手缝固定裙摆

手缝固定裙摆，见视频6-2-17。

视频　6-2-15　　视频　6-2-16

视频　6-2-17